柴胡规范化栽培技术

贺献林　主编

中国农业出版社

图书在版编目（CIP）数据

柴胡规范化栽培技术 / 贺献林主编. —北京：中国农业出版社，2015.3
ISBN 978-7-109-20163-7

Ⅰ.①柴…　Ⅱ.①贺…　Ⅲ.①柴胡-栽培技术　Ⅳ.①S567.7

中国版本图书馆 CIP 数据核字（2015）第 027389 号

中国农业出版社出版
（北京市朝阳区麦子店街 18 号楼）
（邮政编码 100125）
责任编辑　王琦瑢　陈　曦

北京中科印刷有限公司印刷　　新华书店北京发行所发行
2015 年 3 月第 1 版　　2015 年 3 月北京第 1 次印刷

开本：720mm×960mm　1/16　　印张：9.75
字数：200 千字
定价：69.00 元

主　编　贺献林

副主编　陈玉明　贾河田　王丽叶

编著者　贺献林　陈玉明　贾河田
王丽叶　王建军　李春杰
宋彦兵　刘国香　王海飞
刘冬科　李佳佳　江军霞
张　虹　李　星　王　萍

主编简介

贺献林，男，1965 年 1 月出生，高级农艺师，河北省现代农业产业技术体系冀西南山地药材综合试验推广站站长，河北省有突出贡献中青年专家，长期在基层从事农业技术推广工作，先后主持和参加多项科技攻关项目，完成十几项科技成果，获得河北省科技进步奖 7 项，在《河北农业科学》、《昆虫知识》、《中国生态农业学报》《植保技术与推广》等国家省级科技期刊等发表论文 30 多篇。

联系地址：河北省涉县龙井大街 11 号　涉县农牧局

邮编：056400

前言

中药农业是高效产业，是农民致富的重要途径。大力发展中药农业是保护野生资源的重要措施，是改善生态环境，维持生物多样性的基础，是生态农业的重要组成部分。它以生态原理为基础，利用现代科学技术和管理方法，把野生经济植物引种驯化、人工栽培技术研究、规范化和规模化种植生产以及相关加工业有机地结合在一起，建立了相互促进、相互利用和协调发展的关系。中药材生产只有坚持“安全、稳定、有效、可控”的原则，才能既保证农民增收致富，又能够实现中药材产品的优质、高效、低耗，发挥重要的生态调节作用，而且向中药工业提供必要的原料药资源，是中医药产业的基础。

柴胡为我国传统大宗药材，我国每年需求量在1万余吨，以野生品供应市场，主产于辽宁、吉林、黑龙江、甘肃、河北、河南、安徽、山西、陕西、山东、江苏、四川、湖北、内蒙古等地。进入21世纪后，由于野生品连年大规模地采挖和封山育林的推行，产量呈逐年下滑之势，而家种品产量很少，市场缺口逐年加大，导致各地库存空虚，后市难以为继。因此，对人工栽培的需求越来越迫切。

大力发展柴胡规范化栽培，既是一条开发山区经济、促进农民增收的重要途径，更是为国内外市场提供优质道地柴胡药材的必然选择，这对于提高柴胡的社会经济效益以及对提高人民的健康水平，将具有重要意义。

涉县地处太行深山区，位于华北平原与黄土高原过渡地带的太行山东麓，境内重峦叠嶂，沟谷纵横，气候差异较大，动植物种类繁多，野生动植物药材资源十分丰富。据《涉县中药志》记载涉县野生中药材达2 115种，其中常用药有300多种，地道药材100多种均为国家中药基本药物。涉县是历史上著名的“津柴胡”原产地。抗日战争时期，八路军129师的卫生工作者利用当地的柴胡资源，研制成功第一支“柴胡注射液”，成为我国中药西制的重大创举，开创了世界制药史上生物药品现代制剂的空白，2014年“涉县柴胡”获得农业部农产品地理标志认证登记。近年来，涉县依托独特的道地中药材资源，大力扶持以柴胡为主的中药材产业。为推动中药材规范化栽培，作者在河北省现代农业产业技术体系中药材创新团队的指导下，在国家科技部科技惠民计划项目《涉县太行山道地中药材生产技术示范与应用》的支持下，根据《中药材生产质量管理规范（GAP）》的指导原则，依据多年试验示范和研究所积累的技术资料，编写了《柴胡规范化栽培技术》一书。

本书共分5章，主要介绍道地北药“涉县柴胡”的生物学特性、栽培关键技术、病虫草害的种类及其防治技术、柴胡规范化栽培的技术规程等。生物学特性部分介绍了柴胡生长发育的关键物候期、不同时期的幼苗特征、发育历程及与栽培有关的环境条件；栽培关键技术部分介绍了太行山区旱作条件下仿野生栽培技术、玉米柴胡间作套种技术，并对柴胡雨季套播的播种、割薹、施肥、繁种及采收加工等关键技术进行了详细说明；病虫草害种类及其防治部分，重点介绍了作者近年来对柴胡病虫草害的调查成果及主要病虫草害的防治技术；技术规程部分收录了获得国家农产品地理标志登记的“涉县柴胡”质量技术规范及由作者起草的邯郸市地方标准《柴胡原种、良种生产技术操作规程》、《柴胡种子检验技术规程》、《柴胡种子质量标准》。书中还收集了作者近年来在柴胡栽培调查研究中积累的有关柴胡生物学特性、病虫草害的133幅生态图片，其中40幅图片真实记录了柴胡生长发育历程，63幅图片再现了危害柴胡的15科21种害虫及其8科9种天敌昆虫2种病害的真实面貌，33幅图片再现了19种柴胡田间杂草的生态环境及部分杂草的防治效果。此外本书还收录了有关中药材规范化生产的9项国家标准及《世界卫生组织（WHO）颁布的药用植物管理规范（GACP）》、《欧盟颁布的药用植物管理规范（GACP）》《日本政府颁布的药用植物管理规范（GACP）》等，以期读者借鉴。

本书在编写过程中参阅了国内出版的许多相关资料、图书，在此谨向从事柴胡研究的前辈和同行表示诚挚的感谢！

在柴胡的规范化栽培技术试验示范研究中得到河北省现代农业产业技术体系中药材创新团队首席专家谢晓亮教授、岗位专家杨太新教授、何运转教授、贾海明教授以及邯郸市药品检验所主任药师孔增科教授的指导和帮助，本书的出版，得到了中国农业出版社、涉县农牧局、涉县科技局及涉县扶贫办和涉县生产力促进中心的大力支持，在此表示衷心的感谢！

本书内容丰富，技术先进可行，通俗易懂，可操作性强，适用于广大中药材种植的农民及有关技术人员参考。

由于编著者的水平有限，书中难免有疏漏和差错之处，敬请广大读者谅解和批评指正。

编　者

2015年1月

目 录

第一章　柴胡的药用价值及市场前景

柴胡是大宗常用中药，《神农本草经》列为上品，已有2000多年的药用历史。《中国药典》2010版规定，柴胡为伞形科植物柴胡（*Bupleurum chinense* DC.）或狭叶柴胡（*Bupleurum scorzonerifolium* Willd.）的干燥根，按性状不同，分别习称"北柴胡"和"南柴胡"。柴胡为疏散退热、疏肝解郁、升举阳气之要药，用于感冒发热、寒热往来、胸胁胀痛、月经不调、子宫脱垂、脱肛等症，是70余个经方和成方的主药、辅药。除传统功效外，近年研究发现柴胡还具有明显的解热、抗炎、抗病毒、抗惊厥、降脂、保肝等作用，基于传统和现代医药技术研制出的多种剂型和新药产品也已大量上市，如国家基本药物目录的柴胡注射液、感冒清热颗粒、护肝片、补中益气丸、血府逐瘀胶囊、逍遥丸、气滞胃痛颗粒，国家工伤保险目录的正柴胡饮胶囊、银柴冲剂、柴胡舒肝丸、小柴胡片等疗效确切，深受医生和病人的欢迎。

据有关资料统计，柴胡目前的年用量已达1万余吨，且随柴胡为主要原料的药品不断开发上市而快速递增。用柴胡开发的新药、特药和中成药近千种，所需柴胡逐年增加；我国出口到120多个国家和地区的柴胡总量每年以15%的速度递增；港、澳、台市场也连年向内地求货，且数量可观。我国星罗棋布的药材市场、药材公司、药店、饮片公司、中医院、中西医结合医院、诊所等对柴胡的需求也在与日俱增。柴胡市场蕴藏商机，潜力巨大，前景广阔，后市产量与价格均有较大的上行空间，柴胡已引起药厂、药企、药商和医疗单位的广泛关注。

"物以稀为贵"，由于柴胡供应缺口连年加大，同时，由于近年来野生柴胡资源逐渐枯竭和产地生态环境持续恶化，采挖量逐年减少，加之出口量也不断增加，供需矛盾日趋尖锐，拉升柴胡价格连年上涨。资料显示全国17家大型中药材专业批发市场柴胡价格呈稳步上升趋势，2000年野生柴胡（黑统货，下同）市场价格为10～20元/千克，2002年上涨至20～25元/千克，2003—2004年又涨至30～40元/千克，2005年再升至30～45元/千克，2006年已攀升至35～50元/千克，2007—2008年稳步上涨至40～60元/千克，2014年安国市场野生柴胡 170～240 元/千克，家种柴胡 86～160 元/千克。虽然涨幅高达 3～5 倍，但仍然不能满足市场的需求，一些不法药商乘机大量掺杂非药典柴胡品种或生长期仅一年的柴胡。调查发现，市场上品质差的一年生北柴胡和非药典柴胡收购价在每千克 40 元左右，两年生、基本符合质量要求的北柴胡收购价在每千克 60 元左右，而质量优异的北柴胡收购价已达到每千克 70～80 元以上。由于柴胡药材生产量的严重不足，市场上假冒、掺杂、生长期不足、以次充好等乱象丛生，已经给众多以柴胡为原料的药品造成了严重的质量安全隐患。因此，发展柴胡规范化生产已迫在眉睫。

第二章 柴胡的生物学特性

第一节 柴胡的品种类型

一、根据《中华人民共和国药典》2010 年版及栽培现状

柴胡可分为：

柴胡：习称北柴胡 *Bupleurum chinense* DC，为《中华人民共和国药典》2010 年版规定的药用柴胡，种植规模和市场供应量最大的是甘肃、陕西和山西，近年来河北省涉县栽培面积逐渐扩大，2014 年“涉县柴胡”获得农业部国家农产品地理标志产品登记（图 2－1），其次黑龙江、内蒙古、吉林、河南、四川等省、自治区也有少量的栽培柴胡。中国医学科学院药用植物研究所

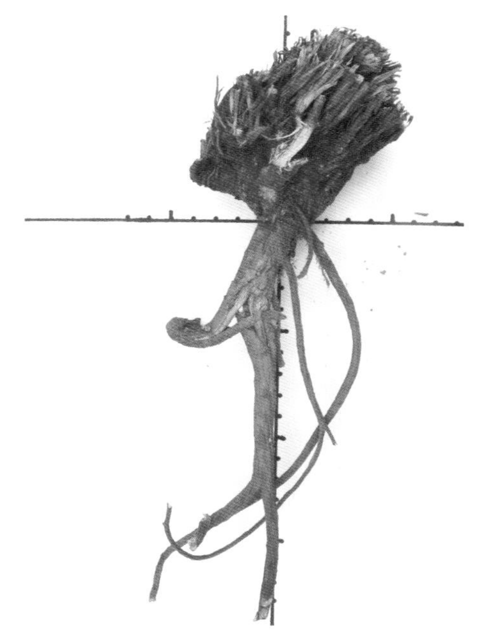

图 2－1 涉县柴胡之王

魏建和等已培育出北柴胡栽培品种中柴1号、中柴2号、中柴3号。但目前推广面积尚小。

南柴胡：即狭叶柴胡 *Bupleurum scorzonerifolium* Willd.，为《中国药典》2010版规定的药用柴胡，在黑龙江、内蒙古等地有种植。中国医学科学院药用植物研究所魏建和等培育的南柴胡品种“中红柴1号”，已通过审定。

三岛柴胡：也称日本柴胡，由日本或韩国药材公司在我国实行订单生产，基地主要分布在湖北、河北等地。三岛柴胡的生长年限一般是一年，年初药农将三岛柴胡的种子播种，等到秋末冬初的时候，将地上部分除去，根部挖出、晒干之后，药材被日本、韩国的公司统一收购。三岛柴胡在我国为非正品柴胡。

二、按产地分类

历史上柴胡以产地划分为：

津柴胡：产于太行山之东，以河北涉县、易县、涞源、平山所产质佳。此外山西长治的太行山区及内蒙古凉城、大青山地区均产。因集散于天津，故称“津柴胡”。其质坚硬，略带须根．并留有残茎3～7厘米。

会柴胡：主产于河南伏牛山区，以嵩县、卢氏、栾川等地品质特佳。独根肥壮，色黄褐，不留残茎。

汉柴胡：主产于湖北省郧西、郧县、竹山、竹溪，陕西省丹凤、商南、商州，河南省西峡、内乡、桐柏（即陕、豫、鄂三省交界地区）。尤以三省交界的紫荆关所产为佳，有“紫荆关柴胡”之称。其根条长壮、色深褐，但留有芦茎较长。

第二节　柴胡的形态特征

柴胡（*Bupleurum chinense* DC.）习称“北柴胡”，多年生草本，植株高50～85厘米（图2-2）。主根较粗大，灰褐色至棕褐色，质坚硬（图2-3）。茎单一或2～3枝丛生，表面有细纵槽纹，实心，上部多分枝，略作之字形曲折。基生叶倒披针形或狭椭圆形，长4～10厘米，宽0.6～1.2厘米，顶端渐尖，基部收缩成柄，早枯落；茎生叶倒披针形或广线状披针形，长5～16厘米，宽0.6～2.5厘米，有时达3厘米，顶端渐尖或急尖，有短芒尖头，基部收缩成叶鞘抱茎，脉7～9，叶表面鲜绿色，背面淡绿色，常有白霜；茎顶部叶同形，但更小。复伞形花序很多，花序梗细，常水平伸出，形成疏松的圆锥状，伞辐3～9，梢不等长，长1～3厘米；总苞片2～4，常大小不等，狭披针形，长1～5毫米，宽0.5～1毫米，3脉；小总苞片5，稀6，披针形，长

2.5～4毫米，宽0.5～1毫米，顶端尖锐，3脉，向叶背凸出；小伞形花序具花5～12；花柄长0.8～1.2毫米；小花直径1.2～1.8毫米；花瓣鲜黄色，花柱基深黄色，宽于子房。果椭圆形，棕色至棕褐色，两侧略扁，长约3毫米，宽约2毫米，果棱明显，每棱槽油管3，合生面4。花期7～9月，果期9～10月。种子为双悬果果实，宽椭圆形、左右扁平、表面粗糙，黄褐色或褐色。

图2-2 柴胡全株

图2-3 柴胡根系

第三节 柴胡的生物学特性

一、种子特性

柴胡种子为双悬果果实。果实形状为椭圆形，颜色大致为黄褐色至黑褐色，长2.4～3.3毫米，宽0.8～1.1毫米，有5个明显的果棱。研究表明，柴胡果实发育成熟时，外表皮细胞发育为外果皮，子房壁发育为果皮，多层薄壁细胞发育为中果皮，中果皮内相间排列着分泌道和维管束，而1～2层长形细胞发育为内果皮，细胞壁木质化。果皮与种皮紧密连接，成为种子的抵御外界不良环境条件的天然屏障，这种结构使种皮牢牢包被于种子外，而种皮内含有发芽抑制物质，不利于种子萌发。

据室内发芽试验，柴胡种子的发芽最低温度为7.5℃，最高为30℃，适宜发芽温度范围为15～25℃，最适发芽温度为20℃，柴胡种子的千粒重一般为0.8～1.6克。

柴胡种子为子叶出土型，种子萌动时胚根从发芽口伸出，胚轴伸长，逐渐将子叶顶出土而出苗（图 2-4）。柴胡属阴性植物，野生条件下，柴胡种子是在草丛中阴湿环境中发芽生长。因此，在种子出土和初生幼苗时期，必须保证地面形成阴湿的田间小气候环境，才能保证种子的发芽和幼苗的顺利生长。

图 2-4　柴胡的出苗情况

1、2. 刚发芽的种子　3. 刚出苗的幼苗　4. 春季返青期的幼苗

二、生长发育特性

1. 柴胡植株的器官组成　柴胡成熟植株由下至上的器官分布分别为根系、根茎、基生叶、主茎、茎生叶、分枝、分枝花序、顶花序、种子。一般每个茎节或枝节着生 1 片叶，叶腋着生分枝，茎节或分枝顶端叶腋着生花序轴，轴顶为复伞形花序（图 2-5）。

图 2-5 花序及果实

1. 花蕾 2. 花 3. 总苞叶 4. 双悬果

(1) 叶：柴胡叶片按发生顺序和着生部位有子叶、基生叶、茎生叶、分枝叶。种子萌发时只有 2 片子叶，随后在根茎处很快发生基生叶，一般基生叶 11 片左右；抽薹拔节后，每个主茎茎节上着生 1 片真叶——茎生叶，主茎顶端分化为主花序轴后，茎生叶不再增加，而在分枝上产生出叶片——分枝叶。随着柴胡进入生长盛期，叶片数达到顶峰，之后叶片从柴胡基部逐渐向上枯萎。到盛花期后的 7 月下旬至 8 月上中旬，在其根茎处再次产生基生叶，直至越冬第二次产生的基生叶逐渐枯萎。

(2) 茎：经过低温春化的柴胡幼苗拔节后，茎节开始生长，到主茎顶端分化成主花序后，茎节数和株高不再增加。

(3) 根：柴胡为直根系植物，根具有吸收贮藏功能，根也是主要药用部位。柴胡出苗后，根长迅速生长，一般当年 7 月播种的柴胡，到越冬前，根长生长基本完成，次年拔节抽薹后根系生长主要以增粗为主，抽薹后柴胡生长中心逐渐转移到生殖生长，根系生长减缓，花期过后，随着根茎处第二次基生叶的生长，根系生长进入第二个高峰期，气温降低后则根生长变缓。

(4) 花果：柴胡为复伞形花序，花序众多，一般各级分枝顶端均着生一个花序（个别退化或两个），其中一二级花序是繁殖的主要部位。开花、结实持续时间长且分散，不同层级的种子成熟期差异较大，这也是柴胡种子萌发率低和出苗率低的重要原因。

2. 柴胡的生育期 柴胡一生从种子萌发到结实，先后经历发芽期、幼苗期、越冬期、春季返青期、春生幼苗期、抽薹期、现蕾期、秋生幼苗期、开花期、结实期、休眠期，通过观察，多年生野生柴胡与种植柴胡的主要物候期如表 2－1。

表 2－1 野生与种植北柴胡的物候期

涉县

类型 时期	野生	种植
播种		8 月上旬
发芽	6 月上中旬	9 月上旬
幼苗	6 月下旬至 11 月上旬	9 月上旬至 11 月上旬
越冬	11 月上旬至翌年 2 月下旬	11 月上旬至翌年 2 月下旬
返青	2 月下旬	2 月底
春生幼苗	3 月初至 6 月上旬	3 月初至 6 月上旬
抽薹	6 月下旬	6 月中旬
现蕾	7 月中旬	7 月中旬
秋生幼苗	8 月上旬至 9 月中旬	7 月下旬至 9 月上旬
开花	8 月上旬至 10 月上旬	8 月上旬至 9 月下旬
结实	9 月下旬至 11 月上旬	9 月下旬至 11 月上旬

2

3

4

5

图 2－6　柴胡不同时间苗生长情况

1. 4 月 15 日苗　2. 5 月 15 日苗　3. 6 月 15 日苗　4. 7 月 15 日苗　5. 8 月 15 日苗　6. 9 月 15 日苗　7. 10 月 15 日苗　8. 11 月 15 日苗

3. 柴胡生长发育过程中 3 种不同时期的植株幼苗　野生柴胡生长发育过程中共有 3 种不同时期的植株幼苗。

种子苗：上年成熟的种子落入地表草丛中，经冬季雨雪、春夏降雨击落与滋生地土壤接触，随气温回升，种子发芽出苗而形成的幼苗，称为种子苗（图 2-7）。种子苗当年只进行营养生长，不抽薹开花。其生长点经越冬低温通过春化，而大部分叶片由于越冬而干枯，至次年 3 月中旬长出新叶，到 5 月底至 6 月初形成 8～10 片基生叶后，开始抽薹、现蕾、开花、结实。

图 2-7　种子苗

春生根茎苗：上年已经抽薹开花的植株，经越冬地上部枯萎，以根茎处的腋芽经过越冬低温春化，至翌年 2 月下旬根茎处的腋芽开始萌发，3 月中旬前后长出新叶，形成春生根茎苗（图 2-8、图 2-9）。春生根茎苗到 5 月底至 6 月初形成 8～10 片基生叶后，开始抽薹、现蕾、开花、结实。

图 2-8　春生根茎芽

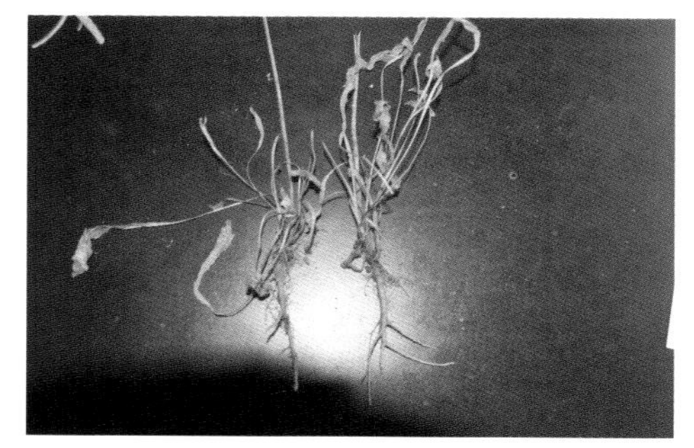

图 2-9　春生根茎苗

秋生根茎苗：当年已抽薹开花的植株，于 7 月中下旬至 8 月中旬，其根茎处的腋芽开始萌发长出新叶，形成秋生根茎苗（图 2-10）。秋生根茎苗至 10 月中下旬长出 6～10 片基生叶后进入越冬，经越冬，其地上部叶片大部干枯，而生长点经越冬通过低温春化，至翌年2月下旬返青生长，到5月底至6月初形成8～10片基生叶后，开始抽薹、现蕾、开花、结实。

图2-10 秋生根茎苗

4. 叶片的生长特性及其在生长发育过程中的3组功能叶 柴胡为多年生草本植物，只有经过低温春化的植株，才拔节抽薹开花结实，在其生长发育过程中先后形成不同时期的植株幼苗，同时发育形成3组功能叶。

营养生长功能叶：种子苗及秋生根茎苗在未通过低温春化即越冬前发育形成的叶片，其生长形式为基生叶，主要为当年根系及自身生长提供和积累营养，为植株越冬储备物质和能量（图2-11、图2-12）。

图2-11 种子苗的营养功能叶

图2-12 秋生根茎苗营养功能叶

营养与生殖生长功能叶：经过越冬的种子苗及春生根茎苗，在春季发育形成的基生叶，其主要功能是为植株花芽分化、抽薹开花、根系生长及自身生长提供和积累营养。

生殖生长功能叶：经过春化的植株，春季随着抽薹而在茎及其分枝上发育形成的茎生叶和分枝叶，其主要功能是为开花结实提供和积累营养。

5. 柴胡的发育历程　野生柴胡当年种子苗形成于 6 月中下旬，由于当年未通过低温春化，种子苗当年不抽薹开花结实，经越冬后次年 6 月中下旬开始抽薹，7 月中旬现蕾，8～9 月开花，同时在根茎处形成根茎苗，但这种根茎苗当年不抽薹开花，10 月中下旬形成种子。

栽培柴胡在其生长发育历程中，有着与野生条件下相似的发育规律，其主要物候期和野生条件下相一致，在其多年生条件下，同样存在着由种子发芽形成的种子苗和植株根茎处萌发新芽而形成的根茎苗。

根据对柴胡的生长发育观察，其生长发育历程模式如图 2－13。

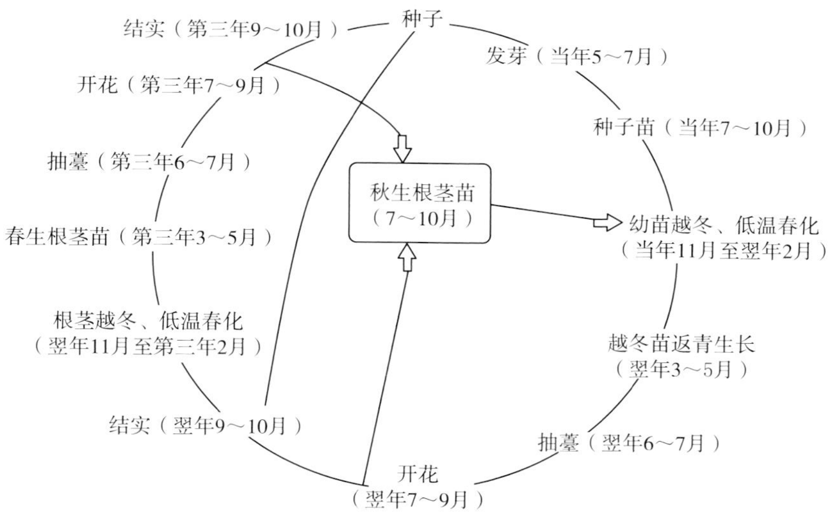

图 2－13　野生柴胡发育历程模式图（涉县）

第四节　柴胡对环境条件的要求

一、土壤

土壤是柴胡栽培的基础，是柴胡植物生长发育所需水、肥、气、热的供给者。因柴胡多野生阳坡和半阳坡或林间草地及干燥的草原，亦喜欢生长林缘、

图 2-14　山坡梯田柴胡

林中隙地、草丛及沟旁等地，对土壤的要求不十分严格（图 2-14）。因此壤土、沙质壤土或腐殖土的土壤地块均适宜柴胡生长。但盐碱地土壤、黏重土壤、低洼易涝积水田块及“三跑田”（跑土、跑水、跑肥）的沙土地，均不适宜栽培柴胡。

二、水分

柴胡属耐旱性较强的植物，种子发芽时需要有充足的水分，在全生育期中，不遇严重干旱，一般不需用浇水。只有在需水分和养分高峰期，在追肥后浇适量水分，以保证生长需要。生长期怕洪涝积水，因此遇涝要及时排除。

三、养分

柴胡为直根系植物，有庞大的根系分布在耕层 40 厘米内，吸收养分、水分能力极强。生长发育过程中需要有充足的养分，养分不足将直接影响到柴胡的产量和质量。

四、温度

柴胡属喜温植物。据试验，种子发芽需要最低温度为 7.5℃，最高为

30℃，发芽适宜温度15～25℃，最适温度为20℃（表2-2）。另据研究报道，柴胡停止生长的温度为0.6℃，春季环境温度达到1℃，柴胡可缓慢返青。在秋季根部营养加强期的有效积温为436℃，是开花到半数籽粒乳熟期的积温873℃的49.9%，从返青到中部籽粒成熟，柴胡生长周期所需有效积温为2 390℃。从发育过程来看，柴胡优质生长的有效积温是2 400～3 300℃。植株生长需要经过一个寒冷的冬季度过春化阶段才能开花结实。耐寒性较强，冬季最低气温低至-41℃，也能正常自然越冬。植株开花后对温度反应敏感，气温高于28℃以上或低于20℃，都将对柴胡开花、授粉、结实产生不良影响。

表2-2 中柴2号不同温度的发芽率

2014年12月

时间	7.5℃	10℃	15 ℃	20 ℃	25 ℃	27.5 ℃	30 ℃
5天	0	0	5%	26.5%	28.25%	25%	3.25%
15天	0	0	33.5%	68.25%	63.75%	59.25%	22.5%
30天	0	33.25%	78.75%	86.25%	80.25%	78.5%	65.0%
35天	2.75%	44.5%	79.75%	86.5%	80.5%	79.5%	70%

五、光照

柴胡属喜光植物，生长发育期间，需要有较足够的光照时间和较强的光照条件，才能完成各生长发育过程。光照不足，将会使柴胡生育期延长。

在人工栽培生产过程中，为柴胡植株生长发育创造适宜的环境条件，是栽培管理的目标，也是提高柴胡产量和质量的最基本措施。

第三章　柴胡栽培关键技术

第一节　柴胡品种介绍

一、涉县小峧柴胡

从涉县偏城镇小峧村野生柴胡种质中，筛选出的地方品种，种子椭圆形（图3－1），深褐色，千粒重约1.2克，种子较中柴2号略小，长约2.6毫米，宽约1.0毫米，发芽适宜温度15～25℃；植株半松散型，株高85厘米左右；茎基浅紫色，主茎略带紫色条纹，叶绿色；根褐色，须根少，有少量分枝，根长14.3厘米（表3－1），根茎粗0.72厘米，1.5年生单根重2.14克。涉县第一年7月上旬播种，第二年秋后可采收，一般亩产50～60千克。有效成分柴胡皂苷（a＋d）一般为0.47％～0.69％。

图3－1　涉县小峧柴胡种子

二、山西万荣柴胡

山西万荣县家种柴胡，种子椭圆形（图3－2），种子褐色，千粒重约0.86克，种子较小，长约2.2毫米，宽约0.85毫米，发芽适宜温度15～25℃；植株半松散型，株高80厘米左右；茎绿色至浅紫色，叶绿色；根黄褐色，须根较少，根长18.2厘米，根茎粗0.57厘米（表3－1），1.5年生单根重2.33克，涉县第一年7月上旬播种，第二年秋后可采收，一般亩产50～60千克。有效成分柴胡皂苷（a+d）一般为0.34%～0.35%。

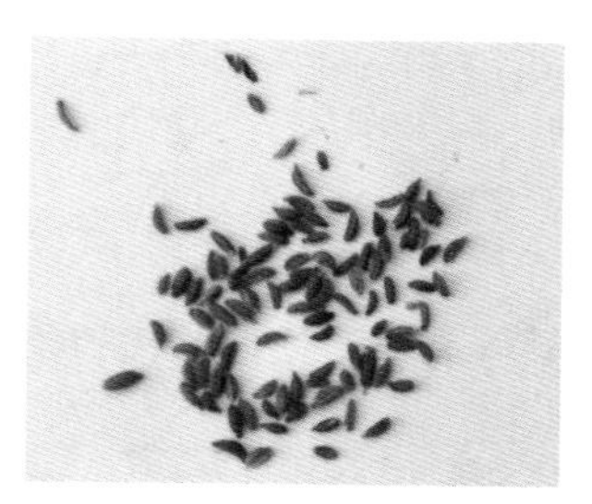

图3-2　山西万荣柴胡种子

图3-1　小蛟柴胡与山西柴胡根部性状比较（1.5年生）

品种	颜色	根长（厘米）	根茎粗（厘米）	单根重（克）	有效成分含量
涉县小峧柴胡	褐色	14.3	0.72	2.14	0.46%
山西万荣柴胡	黄褐色	18.2	0.57	2.33	0.34%

三、中柴2号

种子椭圆形，千粒重1.6克（表3-2），种子较大（图3-3），长约3.3毫米，宽约1.6毫米，种子发芽适宜温度范围大，一般在7.5～30℃均可发芽，以15～25℃为宜，发芽快而整齐。北京地区春播生育期180天左右，株高80厘米左右，株型属半松散型；茎绿色，叶绿色；根深褐色，须根少，根长15厘米左右。

图3-3　中柴2号种子

表3-2　3种柴胡种子的形态比较

品种	种子颜色	种子长（毫米）	种子宽（毫米）	千粒重（克）
中柴2号	黄褐色至褐色	3.3	1.1	1.61
涉县小峧柴胡	褐色至黑褐色	2.6	1.0	1.22
山西万荣柴胡	黄褐色至褐色	2.4	0.87	0.86

涉县小峧柴胡、山西万荣柴胡和中柴 2 号比较情况如图 3－4、图 3－5、图 3－6。

图 3－4　涉县小峧柴胡、山西万荣柴胡根部图

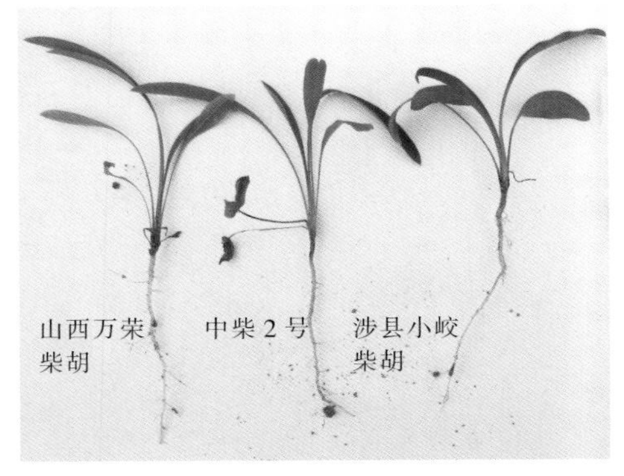

图 3－5　中柴 2 号、涉县小峧柴胡、山西万荣柴胡幼苗比较

图 3－6　涉县小峧柴胡、中柴 2 号幼苗比较

第二节　山地柴胡仿野生栽培技术

柴胡适应性较强，喜稍冷凉而湿润的气候，较耐寒耐旱，忌高温和涝洼积水。其仿野生栽培的技术关键有两点：

（1）把好播种关：第一年 6 月中旬至 7 月上中旬，与秋作物套种的，先在田间顺行浅锄一遍，每亩*用种子 2.5～3.5 千克，与炉灰拌匀，均匀地撒在

* 亩为非法定计量单位，1 公顷＝15 亩，下同。

秋作物行间，播后略镇压或用脚轻踩即可，一般 20～25 天出苗；在退耕还林的林下地块种植的，留足树歇带，将树行间浅锄，把种子与炉灰拌匀，均匀地撒在树行间，播后略镇压；在山坡地上种植的，先将山坡地上的杂草轻割一遍，留茬 10 厘米左右，种子均匀地撒播，播后略镇压。

（2）把好除草关：第一年秋作物收获时，秋作物留茬 10～20 厘米，注意拔除大型杂草。第二年春季至夏季要及时拔除田间杂草，一般进行 2～3 次。林下或山坡地块种植，第 1 年及第 2 年春夏季主要是拔除田间杂草。

仿野生栽培一般第 1 年播种后，以后每年不再播种，只在秋后收获成品柴胡，依靠植株自然散落的种子自然生长，从第 2 年开始每年都有种子散落，每年都有成品柴胡收获，3～5 年后由于重复叠加生长，需清理田间，进行轮作。

第三节 柴胡玉米间作套种的关键技术

柴胡玉米间作套种模式为：药粮间作，二年三收（或二收）。即：第一年玉米地套播柴胡，当年收获一季玉米；第二年管理柴胡，根据实际需要决定秋季是否收获柴胡种子；第二年秋后至第三年清明节前收获柴胡。其技术关键如下：

1. 播种玉米 玉米春播或早夏播，可采取宽行密植的方式，使玉米的行间距增大至 1.1 米，穴间距 30 厘米，每穴留苗 2 株，玉米留苗密度 3 500～4 000株/亩。玉米的田间管理要比常规管理提早进行，一般在小喇叭口期前期、株高 40～50 厘米时进行中耕除草，结合中耕每亩施入磷酸氢二铵 30 千克。

2. 播种柴胡 利用玉米茂密枝叶形成天然的遮阴效果，为柴胡遮阴并创造稍阴凉而湿润的环境条件。在播种柴胡时一要掌握好播种时间：柴胡出苗时间长，雨季播种原则为：宁可播种后等雨，不能等雨后播。最佳时间为 6 月下旬至 7 月下旬。二要掌握好播种方法：待玉米长到 40～50 厘米时，先在田间顺行浅锄一遍，然后划 1 厘米浅沟，将柴胡种子与炉灰拌匀，均匀地撒在沟内，镇压即可，也可采用耧种，或撒播。用种量 2.5～3.5 千克/亩，一般20～25 天出苗。

柴胡玉米间作套种模式（图 3-7），可实现粮药间作双丰收，当年可收获玉米 550～650 千克；如计划收获柴胡种子，一般亩产柴胡种子 20～25 千克；播种后第 2 年秋后 11 月至翌年 3 月中下旬收获柴胡根部，一般每亩可收获 45～55 千克柴胡干品，按目前市场价格 52～60 元/千克，2 年的亩效益可达

4 400～5 400 元。平均年亩效益 2 200～2 700 元。

图 3－7　玉米柴胡间作套种

第四节　柴胡播种技术

柴胡种子籽粒较小，发芽时间长（在土壤水分充足且保湿 20 天以上，温度在 15～25℃时方可出苗），发芽率低，出苗不齐，其播种技术关键是：

1. 选用新种子　柴胡种子寿命仅为一年，陈种子几乎丧失发芽能力，应选用成熟度好的、籽粒饱满的新种子进行播种。

2. 适时早播种　根据北方春旱夏涝的气候特点，应适时早播，即在雨季来临之前的 6 月中下旬至 7 月上旬播种。播在雨头，出在雨尾。

3. 造墒与遮阴　播种之前造好墒，趁墒播种，而且播后应覆盖遮阳物，保持土壤湿润达 20 天以上；如果没有水浇条件，则应利用雨季与高秆作物套作，保证出苗。

4. 增加播种量　根据近年实践，当年种子的亩用量一般为 2.5～3.5 千克。

5. 浅播浅覆土　柴胡种粒极小，芽苗顶土力弱，播种宜浅不宜深。待玉米长到 30～50 厘米时，先在田间顺行浅锄一遍，然后将柴胡种子与炉灰拌匀，均匀地撒入田间，镇压即可（图 3－8、图 3－9）；也可划浅沟，将种子播入沟内，浅盖土，镇压即可。行播的行距为 20～25 厘米。如果是机械播种，一定要调节好深浅，切不可覆土过深。

6. 科学处理种子　柴胡种子有生理性后熟现象，休眠期时间长，出苗时间长。打破种子休眠，提高种子出苗率的种子处理方法有：机械磨损种皮、药剂处理、温水沙藏、激素处理及射线等，但生产上常用前3种处理。机械磨损种皮是利用简易机械或人工搓种，使种皮破损，吸水、出苗提早；药剂处理，用0.8%～1%高锰酸钾溶液浸种15分钟，可提高发芽率15%；温水沙藏，用40℃温水浸种1天，捞出与3份湿沙混合，20～25℃催芽10天，少部分种子裂口时播种。

图3-8　播前整地

图3-9　播　种

第五节　柴胡割薹技术

割薹是在柴胡生产中，提高产量与品质的重要措施。试验证明，柴胡割薹，可以提高产量30%～50%。同时，割薹还有降低植株高度，防止倒伏；破坏害虫的生存环境，减少虫害；改善田间通透性，降低病害等作用。

1. 割薹原理　柴胡以根入药，地上部的株高一般达50～80厘米，根据对柴胡生长发育特性的调查，其基部的基生叶所制造的光合产物主要供应根部，主茎及分枝上的大部分叶片所制造的光合产物主要是为生殖生长服务。因此，以收获根部药材为目的的栽培活动，应在抽薹后开花前及时割去地上部。

2. 割薹时间　冀西南地区柴胡第一次割薹的最佳时间为6月下旬，此时植株已至抽薹开花初期。一般20天后进行二次割薹。

3. 割薹方法　将植株茎叶割去，留茬高度5～10厘米。被割去的茎叶，带出田间，晾干后，可切成3～5厘米左右的小段，作为柴胡全草出售。如果进行二次割薹，留茬在10厘米左右为宜（图3－10）。

4. 割薹注意事项 由于割薹时节已渐入雨季，柴胡割薹后遇雨，易引发腐烂病。因此，要选择晴天割薹，或者，割薹后，喷施多菌灵、恶霉灵等广谱性杀菌剂。

5. 割薹的好处 一是及时割去地上部，可以促使地下部快速生长，增加药用部分的经济产量；二是此时割去的地上部茎叶，仍可作为药材副产品，进行销售，取得一部分经济收入；三是及时割除地上部，可铲除茎叶上的害虫；四是及时割除地上部，可以减少田间郁闭，增加光照，减轻根部病害发生。

图3－10 割 薹

第六节 柴胡施肥技术

1. 柴胡施肥的原则 以有机肥为主，化学肥料为辅；底肥为主，追肥为辅的原则。

2. 柴胡施肥方法与时间

（1）在前茬作物播种前，结合深耕，以有机肥为主，施足底肥，这样不仅提高土壤的养分，还能疏松土壤，促进柴胡根部深扎和膨大。一般亩施充分腐熟的有机肥 1 500～2 000 千克。

（2）柴胡播种前，结合前茬作物中耕，每亩施入磷酸氢二铵 30 千克，保证前茬作物追肥和柴胡底肥，一肥两用的效果。

（3）6 月下旬至 7 月初结合割薹亩施含磷、钾肥为主的复合肥 20 千克。

（4）在柴胡繁种田的花果期，结合病虫害防治，可喷施 1%磷酸二氢钾及少量的微肥，促进果实成熟。

3. 柴胡施肥注意事项　一是追肥要选择雨季或随雨施入，而且要开沟施入，施入后覆盖。二是施入的有机肥必须腐熟，尤其对于二年生柴胡，否则，容易烧苗，引起根部腐烂。

第七节　柴胡繁种田管理技术要点

柴胡繁种田除按常规生产田管理之外，还应把好以下几点：

1. 选好地块　柴胡为异花授粉植物，繁种田，首先必须选择隔离条件较好的地块，一般与柴胡种植田块隔离距离不少于 1 千米；其次要选择地势高燥、肥力均匀、土质良好、排灌方便、不重茬、不迎茬、不易受周围环境影响和损坏的地块。

2. 去杂去劣　在苗期、拔节期、花果期、成熟收获期要根据品种的典型性严格拔除杂株、病株、劣株。

3. 防治病虫　①及时防治苗期蚜虫，繁种田的柴胡，一般是二年生柴胡，早春蚜虫危害严重，应选用吡虫啉、灭蚜威及时防治；②在雨季来临、开花现蕾之前，也是柴胡根茎发生茎基腐病时期，应及时选用扑海因、多菌灵进行喷雾或田间泼洒防治；③柴胡开花期是各种害虫危害盛期，赤条蝽、柴胡宽蛾幼虫、螟蛾幼虫发生危害猖獗，应及时选用高效氯氰菊酯、阿维菌素等杀虫剂进行防治。

4. 严防混杂　播种机械及收获机械要清理干净，严防机械混杂；收获时要单收单脱离，专场晾晒，严防收获混杂。

第八节　柴胡采收与初加工技术

柴胡传统采收期以春秋两季均可，据 2013 年对涉县栽培的 1.5 年生北柴胡的有效成分柴胡皂苷动态变化监测，以 8 月柴胡根茎芽发生时期的柴胡皂苷 a、d 含量最高，此后持续下降，同期根重、根茎及柴胡皂苷（a+d）总收量却持续增加，11 月中下旬茎叶枯萎时达最大，因此以柴胡的柴胡皂苷（a+d）总收量为评价指标，11 月中下旬至次年 3 月初，根茎开始生长前为柴胡的适宜采收期。

柴胡采收时，先顺垄挖出根部，留芦头 0.5～1 厘米，剪去干枯茎叶，晾至半干，分级捋顺捆成 0.5 千克的小把，再晒干或切片晒干（图 3-11）。

柴胡经晾晒或烘干、阴干后，手感药材干燥，折之即断，含水量在 10% 时，利用挑选、筛选等方法除去杂质后，即可进行初包装。一般用清洁卫生的乙烯编织袋或麻袋包装，缝牢袋口，或打成机包。干燥好的药材应暂时储存在通风干燥处，货堆下面必须垫高 50 厘米，以利通风防潮。

运输过程中，注意严防雨淋，严禁用含残毒污染的仓库和车厢，不允许和有毒物品混放混装，贮存在通风、干燥的室内、以防发霉。

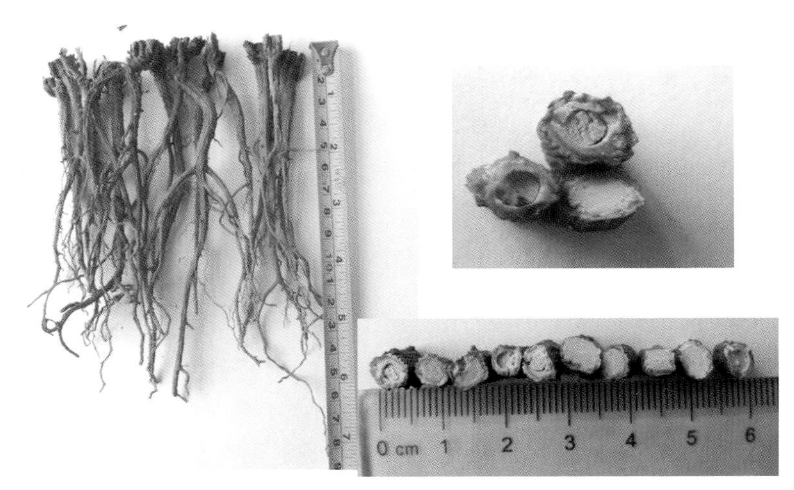

图 3-11　加工后的柴胡图片（药材及其截面图）

第四章　病虫草害防治

第一节　柴胡害虫及其防治

一、柴胡的害虫种类群及其天敌

据在河北省涉县调查，危害柴胡的害虫有 15 科 21 种，其中危害地上部的，苗期主要是蚜虫，开花现蕾至结实期主要是赤条蝽、两种蛾类幼虫（一种为螟蛾幼虫，一种为法氏柴胡宽蛾幼虫）；危害地下部根茎的主要是蛴螬、地老虎、金针虫。尤其在繁种田，赤条蝽和蛾类幼虫危害最盛，经常将花蕾全部危害，造成繁种田颗粒无收，调查中首次发现危害柴胡种子的长尾小蜂科大痣小蜂属的小蜂。

柴胡田间害虫的天敌昆虫主要是蚜虫及蛾类幼虫的天敌，有 8 科 9 种，其中啮小蜂是首次发现的长尾小蜂科大痣小蜂属小蜂的重寄生蜂（表 4－1、表 4－2 和图 4－1 至图 4－23）。

表 4－1　涉县柴胡的害虫类群构成

科类	昆虫种名	学名	危害时期	危害部位	发生程度
1 蝽科	赤条蝽	*Graphosoma rubrolineata* (Westwood)	开花结实期	花蕾、花、未成熟种子	+++
	菜蝽	*Eurydema dominulus* (Scopoli)	开花结实期	叶、花	+
2 长蝽科	小长蝽	*Nysius ericae* (Schilling)	开花结实期	叶、花	++
3 长尾小蜂科	大痣小蜂	*Megastigmus* sp.	种子期	成熟种子	+
4 蚜科	粉蚜	（种名待定）	幼苗期	幼苗、叶	+++
	蚜（危害花）	（种名待定）	开花期	茎、花梗	+
5 尺蛾科	尺蠖（2 种）	（种名待定）	抽薹至开花期	叶	+

（续）

科类	昆虫种名	学名	危害时期	危害部位	发生程度
6 螟蛾科	螟蛾幼虫	（种名待定）	抽薹至开花期	生长点、花蕾、花	+++
7 小潜蛾科蛾科	法氏柴胡宽蛾	*Depressaria falkovitchi* Lvovsky	花蕾期	生长点、花蕾	++
8（待定）	蛀茎害虫	（种名待定）	生长期	根茎处	+
9 毒蛾科	毒蛾幼虫	（种名待定）	生长期	危害叶片	+
10 夜蛾科	地老虎	（种名待定）	早春生长期	根部	+
11 蓟马科	蓟马	（种名待定）	抽薹—开花	生长点	++
12 芜菁科	大斑芜菁	*Mylabris phalerata* (Pallas)	生长期	叶及生长点	+
13 金龟甲科	华北大黑金龟子	*Holotrichia* (*s. str*) *oblita* (Faldermann)	生长期	根部	+
	四纹丽金龟	*Popillia quadriguttata* (Fabricius)	生长期	根部	++
	小阔胫绢金龟	*Maladera ovatula* (Fairmaire)	生长期	根部	++
14 叩甲科	沟金针虫	*Pleonomus canalicuatus* (Faldermann)	生长期	根部	+
	褐纹金针虫	*Melanotus caudex* Lewis	生长期	根部	+
15 粉蚧	粉蚧	种名待定	生长期	叶片及茎	+

注：+++为严重危害，必须防治；++为危害较重，但在防治其它害虫时可兼治；+为轻度危害，无需防治。

表 4-2　柴胡害虫的天敌类群构成

科类	昆虫种名	学名	寄主	发生程度
1 小蜂科	啮小蜂	（种名待定）	长尾小蜂科大痣小蜂属小蜂的重寄生蜂	+
2 食蚜蝇科	黑带食蚜蝇	*Epistrophe balteata* De Geer	蚜虫	+
	凹带食蚜蝇	*Syrphus nitens* Zetterstedt	蚜虫	+
	大灰食蚜蝇	*Syrphus corollae* Fabricius	蚜虫	+
3 瓢虫科	七星瓢虫	*Coccinella septempunctata* Linnaeus	蚜虫	++
	异色瓢虫	*Leis axyridis* (Pallas)	蚜虫	+
4 草蛉科	草蛉	（种名待定）	蚜虫	+
5 螳螂	螳螂	（种名待定）	蛾类幼虫	+
6 姬蜂科	一种姬蜂	（种名待定）	蛾类幼虫的蛹	++
7 步甲科	一种步甲	种名待定	蛾类幼虫	+
8 食虫蜘蛛	一种蜘蛛	种名待定	蛾类幼虫	++

注：++为种群数量较大；+为种群数量较小。

图 4－1　赤条蝽

1. 赤条蝽危害状　2. 成虫　3. 正在孵化的赤条蝽卵　4. 赤条蝽的卵
5. 准备蜕皮的赤条蝽　6. 正在蜕皮的赤条蝽　7. 刚蜕皮的赤条蝽

图 4－2　菜　蝽

图 4－3　小长蝽

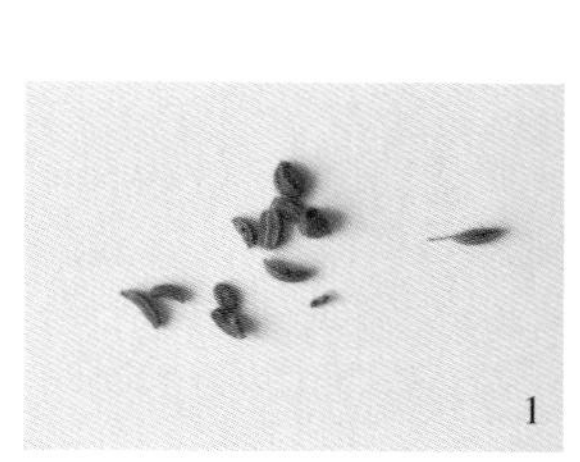

图 4－4　大痣小蜂

1. 大痣小蜂寄生的柴胡种子　2. 大痣小蜂

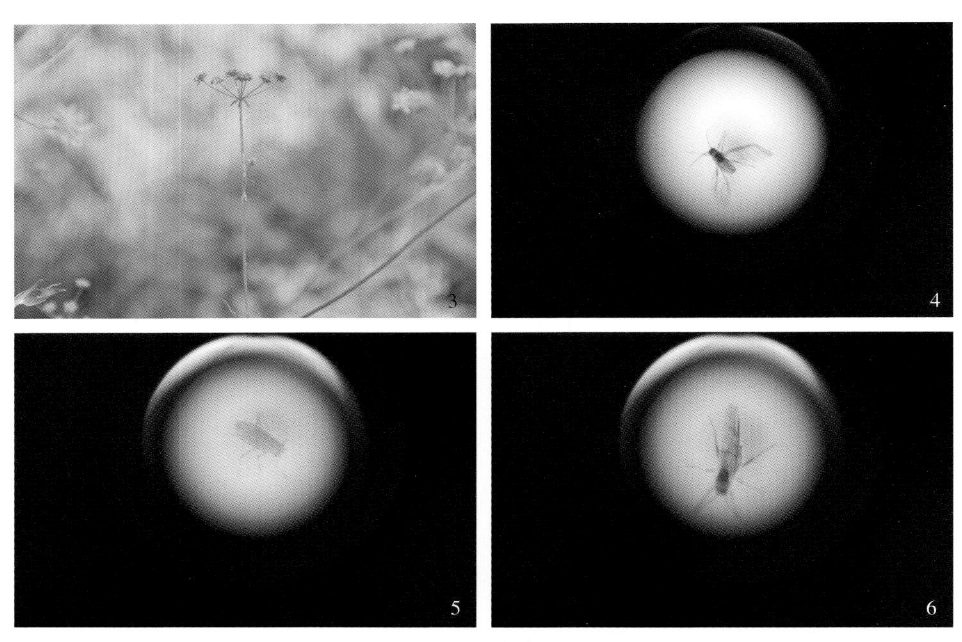

图 4－5　粉蚜虫

1、2. 粉蚜虫危害状　3. 危害嫩茎的蚜虫　4、5、6. 蚜虫——危害嫩茎

图 4-6　螟　蛾

1、2. 成虫　3. 幼虫化蛹的土茧　4. 黄褐色的幼虫　5. 黑褐色的幼虫
6. 正在入土化蛹的幼虫　7. 被白僵菌危害的螟蛾幼虫　8. 螟蛾蛹被寄生
9. 一种步甲正在取食螟蛾幼虫　10. 一种食虫虻正在取食螟蛾成虫

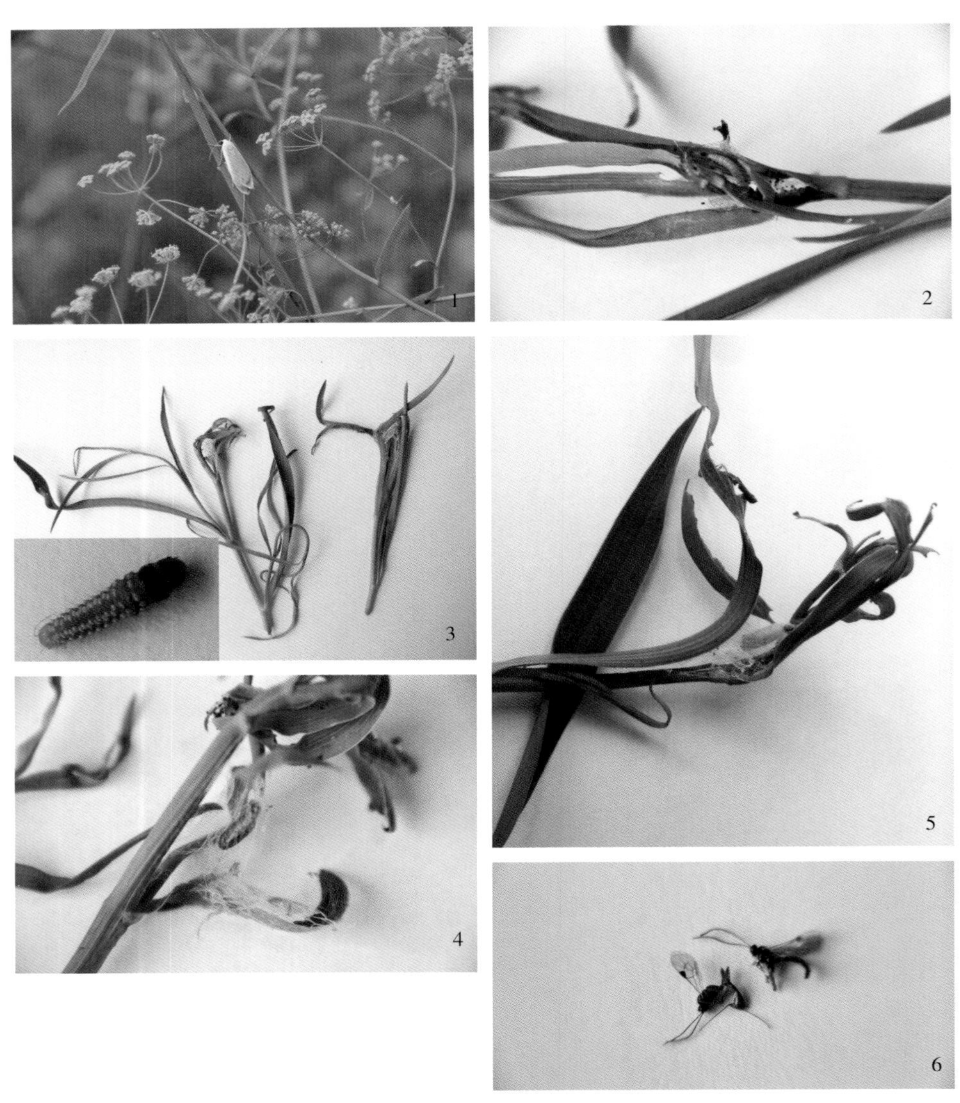

图 4-7　法氏柴胡宽蛾

1. 成虫　2. 正在危害的法氏柴胡宽蛾幼虫　3. 法氏柴胡宽蛾幼虫及危害状
4. 蛹　5. 被寄生的蛹　6. 法氏柴胡宽蛾之寄生蜂

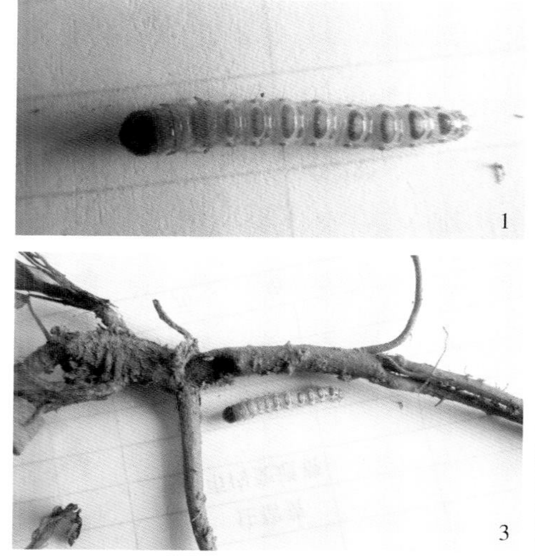

图 4-8　蛀茎害虫

1. 蛀茎害虫之幼虫　2. 蛀入柴胡根茎的害虫　3. 蛀茎害虫及其危害状

图 4-9　危害柴胡的毒蛾幼虫

图 4-10　危害柴胡的尺蠖幼虫

图 4－11　地老虎的幼虫

图 4－12　大斑芫菁成虫

图 4－13　大黑金龟子成虫

图 4－14　四纹丽金龟子成虫

图 4－15　阔胫金龟的幼虫和成虫

图 4－16　金针虫幼虫

图 4-17 粉 蚧

1. 粉蚧的背部 2. 粉蚧的腹部 3、4、5. 粉蚧危害柴胡状

图 4-18　危害柴胡的蓟马

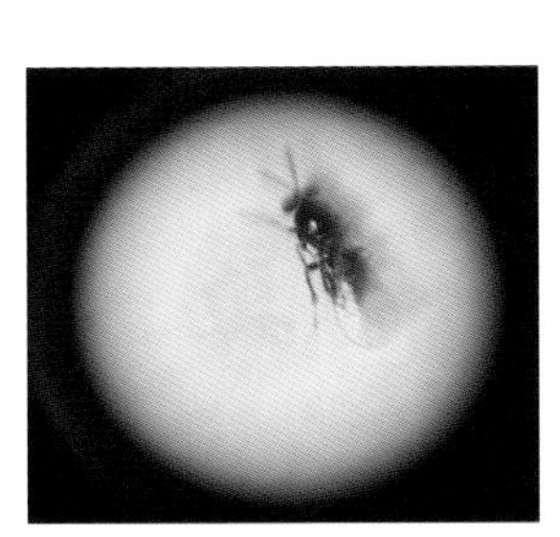

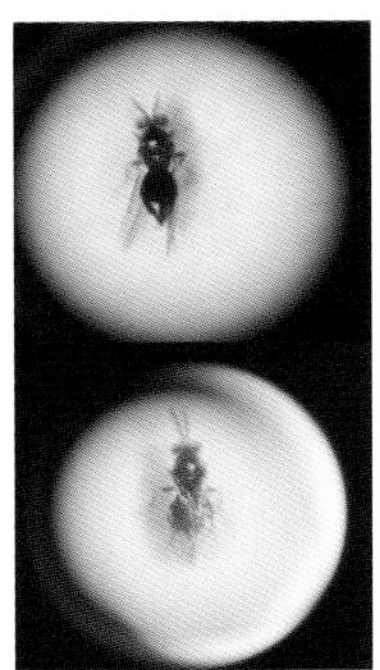

4-19　大痣小蜂的重寄生蜂——啮小蜂

图 4-20　蚜虫的天敌——草蛉

图 4-21　蚜虫的天敌——瓢虫成虫

图 4-22　蚜虫的天敌——瓢虫幼虫

图 4-23　一种食虫蜘蛛

二、主要害虫发生危害特点及防治

（一）螟蛾幼虫

1. 发生特点　调查中发现一种螟蛾幼虫，前期以幼虫取食柴胡叶片，常吐丝缀叶成纵苞，严重时将叶片全部吃光，影响柴胡正常生长；柴胡现蕾以后，幼虫吐丝做薄茧，将花絮纵卷成筒状，潜藏其内取食花絮连续危害，严重影响植株开花结实，或咬断细小花柄，或取食花柄的表皮，造成咬食部位上方植株死亡，危害严重的地块可造成上部全部死亡，留种田种子基本绝收。

调查发现，危害严重的地块，每株柴胡上螟蛾幼虫平均为 5.1 头，最多达到 18 头。而且该螟蛾幼虫在一个花絮危害后会转移至下一个花絮继续危害，具有移动性和持续性，有些严重的地块花絮危害率达到 95%以上，从远处看，整个地块一片枯黄，种子基本绝收。

该虫在涉县以老熟幼虫越冬，5 月中下旬老熟幼虫在土中作茧化蛹，5 月底至 6 月初田间可见一代成虫，6 月中下旬一代幼虫危害期，7 月上中旬一代幼虫化蛹，8 月中下旬田间二代幼虫危害期，直至 9 月以后老熟幼虫入土越冬。

2. 防治方法

（1）人工捕杀：如果虫量较少，可以人工捕捉，利用其受惊吓掉落的习性，收集幼虫集中消灭，或直接从柴胡植株上采集幼虫加以消灭。

（2）生物防治：产卵盛期或卵孵化盛期，用 100 亿/克活芽孢 Bt 可湿性粉剂 200 倍液，或青虫菌（含孢子 100 亿/克）300 倍液，或用氟啶脲（5%抑太保）2 500 倍液，或 25%灭幼脲悬浮剂 2 500 倍液，或 25%除虫脲悬浮剂3 000倍液，或氟虫脲（5%卡死克）乳油 2 500～3 000 倍液，或虫酰肼（24%米满）1 000～1 500 倍液，或用 2.5%鱼藤酮乳油 600 倍液，或 0.65%茴蒿素水剂

500倍液，或在低龄幼虫期用0.36%苦参碱水剂800倍液，或天然除虫菊（5%除虫菊素乳油）1 000～1 500倍液，或用烟碱（1.1%绿浪）1 000倍液，或用多杀霉素（2.5%菜喜悬浮剂）3 000倍液等喷雾。7天喷1次，一般连喷2～4次。

（3）药剂防治：用4.5%高效氯氰菊酯1 000倍液，或5%氯虫苯甲酰胺悬浮剂1 000倍液或联苯菊酯（10%天王星乳油）或50%辛硫磷乳油1 000倍液，或5%甲胺基阿维菌素苯甲酸盐4 000倍液等喷雾。于早晨露水干后至10点之前或下午5点半后喷雾防治，首次用药后7～10天再进行一次扫残防治，防治效果均在98%以上。

（二）法氏柴胡宽蛾

1. 发生特点 经河北农业大学何运转教授等鉴定为国内新纪录种，该虫在涉县于5月中下旬田间出现幼虫危害，幼虫取食刚抽薹现蕾的柴胡嫩尖，6月中下旬开始化蛹，蛹期7～10天，危害严重地块，平均每株有虫1～3头。

2. 防治方法

（1）农业防治：采取抽薹后开花前及时割除地上部的茎叶、花蕾并集中带出田外，晾干后作柴胡苗出售。

（2）化学防除：选用高效低毒低残留的4.5%高效氯氰菊酯乳油1000倍液，于早晨露水干后至10点之前或下午5点半后喷雾防治，首次用药后7～10天再进行一次扫残防治。

（三）赤条蝽

1. 发生特点 在涉县，以成虫在田间枯枝落叶、杂草丛中或土下缝隙里越冬。5月下旬至6月上旬，越冬成虫开始危害已抽薹的柴胡。主要危害期在6～10月上旬。以若虫、成虫危害北柴胡的嫩叶和花蕾，造成植株生长衰弱、枯萎，花蕾败育，种子减产。据调查一般虫株率可达15%～50%，虫株率达到30%时，即会对北柴胡生长造成影响。

2. 防治方法

（1）农业防治：秋季清除枯枝落叶、铲除杂草，或及时翻地，减少部分越冬虫源；于卵期或初孵幼虫期，采摘卵块或群集的小若虫。

（2）物理方法：冬季清除柴胡种植田周围的枯枝落叶及杂草，沤肥或烧掉，消灭部分越冬成虫。

（3）生物防治：初孵幼虫期用0.3%苦参碱植物杀虫剂500～1 000倍液，或天然除虫菊素2 000倍液，或15%茚虫威悬浮剂2 500倍液喷雾防治。

（4）药剂防治：8～9月在成虫和若虫为害盛期，当田间虫株率达到30%

时，选用5%高效氯氰菊酯乳油1 500倍液喷雾防治，高峰期5～7天喷一次，连续防治2～3次。收获前30天停止用药幼虫低龄期也用50%辛硫磷乳油1 000倍液，或20%甲氰菊酯2 500～3 000倍液喷雾防治。

（四）蚜虫

1. 发生特点　危害柴胡的蚜虫有两种。一种主要危害苗期的柴胡，重点发生在2年生以上的柴胡田间，核桃、花椒树木周围发生严重，危害植株的新叶。危害时期一是在秋季越冬前危害柴胡的基生叶，二是在早春柴胡返青后危害柴胡的基部叶片。受害严重地块，虫株率可达40%，百株有蚜可达2 000头，10月中下旬、4月上中旬至5月中旬是其危害盛期。植株受到危害后，叶片卷曲，生长减缓，萎蔫变黄，根部变黑枯死，有的植株出现病毒病的症状。严重时造成柴胡丛矮、叶黄缩、早衰、局部成片干枯死亡。发生严重的区域，地面出现灰白色的粉末。另一种主要危害抽薹后柴胡的嫩茎，开花后危害花梗。

2. 防治方法

（1）农业防治：对于未发生的地块，清除树下残枝腐叶，集中地外销毁。

（2）物理防治：黄板诱杀蚜虫，有翅蚜初发期可用市场上出售的商品黄板，或用60厘米×40厘米长方形纸板或木板等，涂上黄色油漆，再涂一层机油，挂在行间或株间，每亩挂30块左右，当黄板沾满蚜虫时，再涂一层机油。

（3）生物防治：前期蚜量少时保护利用瓢虫等天敌，进行自然控制。无翅蚜发生初期，用0.3%苦参碱乳剂800～1 000倍液，或天然除虫菊素2 000倍液，或15%茚虫威悬浮剂2 500倍液等植物源农药喷雾防治。

（4）药剂防治：用10%吡虫啉可湿性粉剂1 000倍液，或3%啶虫脒乳油1 500倍液，或2.5%联苯菊酯乳油3 000倍液，或50%吡蚜酮2 000倍液，或25%噻虫嗪5 000倍液，或50%烯啶虫胺4 000倍液，或4.5%高效氯氰菊酯乳油1 500倍，交替喷雾防治。

（五）地老虎的防治

（1）物理防治：成虫产卵以前利用黑光灯诱杀。成虫活动期用糖∶酒∶醋＝1∶0.5∶2的糖醋液放在田间1米高处诱杀，每亩放置5～6盆。

（2）药剂防治：以下3种防治方法任选其一或综合运用。

①毒饵防治：每亩用50%辛硫磷乳油0.5千克，加水8～10千克喷到炒过的40千克棉仁饼或麦麸上制成毒饵，于傍晚撒在秧苗周围，诱杀幼虫。

②毒土防治：每亩用50%辛硫磷乳油0.5千克加适量水喷拌细土50千克，在翻耕地时撒施。

③喷灌防治：用4.5%高效氯氰菊酯3 000倍液，或50%辛硫磷乳油1 000倍液等喷灌防治幼虫。

（六）蛴螬的防治（金龟子幼虫）

（1）农业防治：冬前将栽种地块深耕多耙，杀伤虫源、减少幼虫的越冬基数。

（2）物理防治：利用成虫的趋光性，在其盛发期用黑光灯或黑绿单管双光灯（发出一半黑光一半绿光）或黑绿双管灯（同一灯装黑光和绿光两只灯管）诱杀成虫（金龟子），一般50亩地安装一台灯。

（3）生物防治：防治幼虫施用乳状菌和卵孢白僵菌等生物制剂，乳状菌每亩用1.5千克菌粉，卵孢白僵菌每平方米用2.0×10^{9}孢子。

（4）化学防治：幼虫防治以下两种方法任选其一或综合运用。

①毒土防治：用50%辛硫磷乳油0.5千克，拌细土30千克，或用5%毒死蜱颗粒剂，亩用0.6～0.9千克，对细土25～30千克，或用3%辛硫磷颗粒剂3～4千克，混细沙土10千克制成药土，在播种或栽植时撒施，均匀撒施田间后浇水。

②喷灌防治：用50%辛硫磷乳油800倍液等药剂灌根防治幼虫。

（七）金针虫的防治

（1）农业防治：冬前将栽种地块深耕多耙，杀伤虫源、减少幼虫的越冬基数。

（2）药剂防治：每亩用50%辛硫磷乳油0.25千克与80%敌敌畏乳油0.25千克混合，用拌细土30千克，均匀撒施田间后浇水，提高药效。或用5%毒死蜱颗粒剂，每亩用0.90千克，对细土25～30千克，或用3%辛硫磷颗粒剂3～4千克混细沙土10千克制成药土，在播种或栽植时撒施。或用50%辛硫磷乳油800倍液灌根。

（八）蓟马的防治

（1）物理防治：蓟马发生初期用蓝色板诱杀，用60厘米×40厘米长方形蓝色纸板或木板等，涂上无色油漆，再涂一层机油，挂在行间株间，或市场出售的商品蓝色诱杀板，每亩挂30～40块。

（2）生物防治：蓟马发生初期，用0.3%苦参碱乳剂800～1 000倍液，或天然除虫菊素2 000倍液，或0.3%印楝素500倍液，或2.5%多杀霉素（菜喜）悬浮剂1 000～1 500倍液喷雾防治。

（3）药剂防治：用10%吡虫啉可湿性粉剂1 000倍液，或3%啶虫脒乳油1 500倍液，或2.5%联苯菊酯乳油2 000倍液，或4.5%高效氯氰菊酯乳油

1 500倍，或噻虫嗪（25%阿克泰）水分散粒剂 2 000 倍液，或 5%甲胺基阿维菌素苯甲酸盐可溶剂 3 000 倍液交替喷雾防治。

（九）大痣小蜂属的小蜂

在调查中，首次发现一种柴胡种子寄生蜂，经中国林业科学研究院森林生态环境与保护研究所姚艳霞博士初步鉴定为长尾小蜂科大痣小蜂属的小蜂（种名待定），该蜂于柴胡种子成熟时将卵产于柴胡种子内，使柴胡种子失去生活能力，从被害种子外表看不出被害痕迹。春季 3 月末至 4 月，从柴胡种子内羽化出小蜂成虫。调查中还发现该小蜂被另一种啮小蜂（种名待定）重寄生。大痣小蜂的有关生活习性、发生规律及其防治方法有待进一步研究。

第二节　柴胡的病害及其防治

一、根腐病

为北柴胡的主要病害，多发生于 2 年生植株和高温多雨季节。危害根部，初感染于根的上部，病斑灰褐色，逐渐蔓延至全根，使根腐烂，严重时成片死亡（图 4－24）。

图 4－24　根部病害

防治方法：选择未被污染的土壤，使用充分腐熟的农家肥和磷肥，少用氮肥；忌连作，与禾本科作物轮作；注意排水，种植前进行土壤消毒；及时割薹，6 月下旬至 7 月上旬，从基部留 10 厘米左右茎叶，割去地上部；发病时用 50%甲基托布津 1 000 倍液灌根；增施磷钾肥，促进植株生长健壮，增强抗病能力。

二、斑枯病

夏秋季易发生，8 月为发病盛期。主要危害茎叶。茎叶上病斑近圆形或椭圆形，直径 1～3 毫米，灰白色，边缘颜色较深，上生黑色小点，为病菌的分生孢子器。发病严重时，病斑汇聚连片，叶片枯死（图 4－25），影响北柴胡正常生长。

防治方法：入冬前彻底清园，及时清除病株残体并集中烧毁或深埋；加强田间管理，及时中耕除草，合理施肥与灌水，雨后及时排水；发病初期用 50%多菌灵可湿性粉剂或 70%甲基硫菌灵可湿性粉剂 1 000 倍液，或 75%代森锰锌（全络合态）800 倍液，或 30%醚菌酯 1 500 倍液，或用异菌脲（50%朴海因）可湿性粉剂 800 倍液喷雾防治。视病情用药 3～4 次，间隔 10～15 天。

图 4－25　柴胡茎部病害

第三节　柴胡草害防治技术

草害防治是提高柴胡产量的最重要措施，杂草种类很多，一年四季都有发生，有些杂草根系发达，植株高大，田间养分消耗多，占有空间大，抑制柴胡的生长发育，严重影响产量。

一、柴胡草害种类

据调查，柴胡田间杂草主要有：蒲公英、山苦荬、猪毛蒿（滨蒿）、刺儿菜、黄花蒿、藜、田旋花、打碗花、秃疮草、荠菜、夏至草、反枝苋、凹头苋、紫花地丁、车前、朝天委陵菜、地黄、附地菜、狗尾草 13 科 19 种（表 4－3、图 4－26 至图 4－44）。

表 4-3　柴胡田间杂草种类及发生程度

科类	种名	发生特点	发生时期	发生程度
菊科	蒲公英	多年生草本，陆续开花，陆续结实	4～10月	中
	山苦荬	多年生草本，根芽和种子繁殖	3～8月	轻
	猪毛蒿（滨蒿）	越年生或一年生草本，种子繁殖	2～11月	重
	刺儿菜（小蓟）	多年生草本，具有匍匐根，以根芽繁殖为主	3～10月	重
	黄花蒿	多年生蔓性草本，根芽和种子繁殖	3～11月	重
藜科	藜（灰灰菜）	一年生杂草，种子繁殖	4～10月	重
旋花科	田旋花	多年生蔓性草本，以根越冬，根芽和种子繁殖	4～10月	重
	打碗花	多年生蔓性草本，以根越冬，根芽和种子繁殖	3～10月	重
十字花科	荠菜	越年生或一年生草本，种子繁殖	4～10月	中
罂粟科	秃疮草	越年生或多年生草本，种子繁殖	3～8月	中
唇形科	夏至草	越年生或多年生草本，种子繁殖	3～9月	轻
苋科	反枝苋	一年生杂草，种子繁殖	5～9月	中
	凹头苋	一年生杂草，种子繁殖	5～9月	中
堇菜科	紫花地丁	多年生草本，以根越冬	3～9月	轻
车前科	车前	多年生草本，以根越冬，种子繁殖	4～10月	轻
蔷薇科	朝天委陵菜	一年生或二年生草本	3～10月	轻
玄参科	地黄	多年生草本，以根越冬	3～7月	轻
紫草科	附地菜	一年生杂草，种子繁殖	4～7月	轻
禾本科	狗尾草	一年生杂草，种子繁殖	4～10月	轻

图 4-26　蒲公英

图 4-27　山苦荬

图 4-28　猪毛蒿

图 4-29　刺儿菜

图 4-30　黄花蒿

图 4-31　藜

图 4-32 田旋花

图 4-33 打碗花

图 4-34 秃疮草

图 4-35 荠 菜

图 4-36　夏至草

图 4-37　反枝苋

图 4-38　凹头苋

图 4-39　紫花地丁

图 4-40　车　前

图 4-41　朝天委陵菜

图 4－42　地　黄

图 4－43　附地菜

图 4－44　狗尾草

二、草害的防治

草害防治原则：冬前重点除去多年生和越年生杂草，比如田旋花、小蓟、荠菜、蒿类等。此类杂草为秋天出苗，第二年春季与柴胡同步返青，而且生长速度比柴胡快，因此，必须在冬前除掉。

春季重点处理一年生杂草，一年生杂草在春季出苗，出苗后生长迅速，与柴胡争夺养分与空间，因此，要在春季消灭掉。

（1）柴胡幼苗细弱，最怕草欺。夏秋在玉米行间套种，玉米田如使用除草剂，必须间隔 45 天以上，一般套播田的柴胡应在幼苗期进行人工拔除。

（2）冬前除草在 11 月中旬进行，此时，一年生杂草都已死亡，田间只留下多年生和越年生杂草，可采取人工拔除或浅锄一遍即可。也可采用化学防治，用 10％苯磺隆可湿性粉剂 10 克/亩或使用 5％精喹禾灵乳油 50～70 毫升，然后对 30～40 千克水稀释，对杂草的茎叶进行均匀喷雾处理，特别是在田间土壤水分空气湿度较高时，对于杂草吸收传导苯磺隆或“精喹禾灵”十分有利。据 2014 年秋试验，2014 年 10 月 18 日施药，到 11 月 6 日防治效果明显（图 4－45 至图 4－56）。

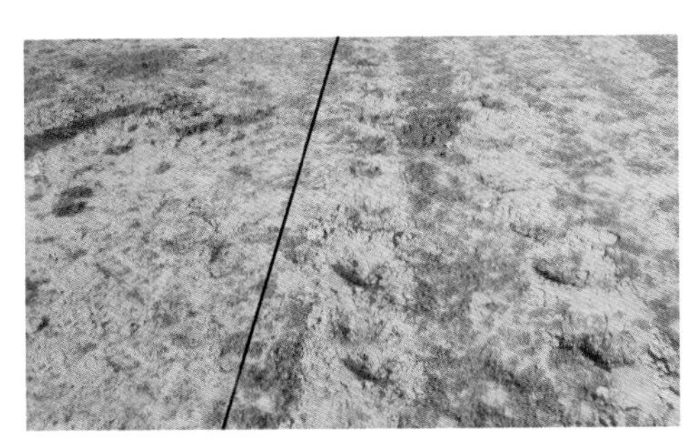
图 4－45　苯磺隆处理对比

图 4－46　苯磺隆对车前子处理效果

图 4－47　苯磺隆对刺儿菜处理效果

图 4－48　苯磺隆对猪毛蒿（滨蒿）处理效果

图 4－49　苯磺隆对黄花蒿处理效果

图 4－50　苯磺隆对蒲公英处理效果

图 4－51　苯磺隆对荠菜处理效果

图 4－52　苯磺隆对田旋花处理效果

图 4－53　苯磺隆对夏至草处理效果

图 4－54　除草后的柴胡

图 4－55　精喹禾灵对黄花蒿处理效果

图 4－56　精喹禾灵除草效果

（3）春季除草在柴胡的返青后进行，一般在 3 月下旬至 4 月上旬，此时田间有少量的越年生杂草和一些春季出苗的小草，浅锄一遍即可。也可以拔除越年生杂草后，用 10％苯磺隆可湿性粉剂 10 克/亩或使用 5％精喹禾灵乳油50～70 毫升，然后对 30～40 千克水稀释，对杂草的茎叶进行均匀喷雾处理，化学防除当年小草。

（4）在 6 月中下旬，柴胡割薹后，可以浅锄一遍或喷施“精喹禾灵”柴胡田专用除草剂，防治因割薹造成的杂草发生。

第五章　柴胡规范化栽培技术规程

第一节　柴胡规范化栽培技术规程（SOP）

涉县柴胡质量控制规范 AGI2014—02—1458

1　内容与适用范围

本规程是按《中药材生产质量管理规范》（GAP）的综合技术要求制定的，规范了获得农业部农产品地理标志认证的涉县柴胡生产中的选地、播种、田间管理、病虫害防治、良种繁育、采收、加工等技术要求。

本规程适用于涉县及其周边气候相似的柴胡生产基地，其他地方可参考施行。

2　引用标准

GB 3095—1996　大气环境质量标准
GB 9137—1988　保护农作物的大气污染物最高允许浓度
GB 5084—2005　农田灌溉水质标准
GB 4285—1989　农药安全使用标准
GH 15618—2008　土壤环境质量标准
GB/T 191—2008　包装储运图示标志
《中华人民共和国药典》2000 年版（一部）
《农药管理条例》（国务院 2001 年第 326 号令）
《中药材生产质量管理规范》（试行）（2002 年 3 月）

3　定义

3.1　GAP

中药材生产质量管理规范是国家食品药品监督管理局制定与发布的，是从保证中药材质量出发，控制影响药材质量的各种因子，规范药材各生产环节乃至全过程，以促进中药标准化、现代化。

3.2 GAP 产品

指在生态环境质量符合规定标准的产地，生产管理过程中不使用任何有害化学合成物质或允许限量使用限定的化学合成物质，按 GAP 要求制订的生产操作规程进行生产、加工，经检查、检测，符合 GAP 要求和国家药典标准，并经专门机构认定，许可使用中药材 GAP 产品标志的产品。

3.3 SOP

是标准操作规程（Standard Operating Procedure）的英文名称缩写。它是企业或种植基地者依据 GAP 的规范，在总结前人经验的基础上，通过科学研究、生产实践，根据不同的生产品种、环境特点，制定出切实可行的达到 GAP 要求的方法和措施的操作规程。

3.4 农药残留量

指植物生长过程中对有机氯化合物吸收的积累量。

3.5 重金属

指铅（Pb）、砷（As）、汞（Hg）、镉（Cd）、铬（Cr）、铜（Cu）及其总量。

3.6 农家肥

指就地使用的以大量生物物质为基础的各种有机肥料，主要指经过积制、充分腐熟的厩肥、沤肥、绿肥和沼气液。

4 具体要求

4.1 生态环境

4.1.1 生长特性 柴胡多生长于海拔 500～1 500 米的山坡、丘陵。喜温暖，能耐寒，怕水涝。柴胡药用部分为其根，要求土层深厚、疏松肥沃的沙质土壤及高腐质土壤。

4.1.2 生态环境质量要求 生产基地应选择大气、水质、土壤无污染的地区。生产基地周围两公里内不得有“三废”及厂矿、垃圾场等污染源。环境生态质量要求：空气环境应符合“大气环境质量标准”的二级标准；土壤环境质量应符合国家土壤二级标准。

4.2 土壤物理要求

4.2.1 土壤 柴胡对土壤的适应范围较广，耐肥性较强，疏松肥沃和深厚的土层是生长发育的必要条件。柴胡在疏松肥沃、排水良好的沙质壤土中生长，产品质量好、产量高。宜选择地势平坦、排水良好，含腐殖质较多、有机质含量较高的疏松肥沃的壤土和沙质壤土。盐碱地、低洼积水、黏重土壤的田块及

“三跑田”（跑土、跑水、跑肥）沙土地，均不适宜种植。为提高柴胡出苗率、防止地下病虫害，最好选择在前茬禾本科植物（玉米、谷子）或豆科植物的行间套种。

4.2.2　土壤农药残留量　六六六的浓度不得超过 0.05 毫克/千克；滴滴涕的浓度不得超过 0.05 毫克/千克。

4.2.3　重金属含量　参考允许的最大含量铅 50 毫克/升、砷 20 毫克/升、汞 0.30 毫克/升、镉 0.30 毫克/升、铬 120 毫克/升、铜 60 毫克/升。

4.2.4　水分　柴胡属耐旱性较强的植物，种子发芽时需要有充足的水分，在全生育期中，不遇严重干旱，一般不需用浇水。生长期怕洪涝积水，遇涝要及时排除。因此地块必须选择在地势较高、排水方便的沙壤土为宜。

4.2.5　光照、温度　柴胡是喜光喜温植物，生长发育期间，需要有较足够的光照和较强的光照条件。光照不足，将会使柴胡生育期延长。柴胡种子发芽需要最低温度为 10～15℃，最适温度 20～25℃，最高温度为 28～32℃。因此在选择地块的时候，以向阳、阳光充足的地块为宜。

5　品种选择

本规程以《中华人民共和国药典》（2000 年版）收载的伞形科植物柴胡（*Bupleurum chinense* DC.）（北柴胡）为基源，根据种子来源可选择中柴 2 号、山西万荣柴胡、涉县小峧柴胡。

6　生产技术

采取秋作物套种柴胡，三年两熟仿野生种植模式，以伏播为主，即第一年秋作物田内套播柴胡，当年收获秋作物，第二年收获柴胡种子、第三年成熟后收获柴胡产品。

6.1　选地

柴胡以前茬作物为禾本科（玉米、谷子）或豆类的壤土或沙质壤土中种植为佳。前茬作物（玉米、谷子、豆类）种植时间一般 5 月上旬至 6 月上中旬，常规种植管理。

6.2　播种

播种时间一般为 6 月上旬至 8 月上旬，以当地进入雨季前和前茬作物已遮严地面，即可播种。播种时先将地面锄划一遍，整平做细；然后在前茬作物的行间划 1 厘米深的浅沟，把柴胡种子均匀撒入沟内，稍加镇压即可，也可以用改造的单腿耧种植，调好出籽量，种后镇压。每亩用籽 1.5～2 千克，行距保持在 20～25 厘米。播种后约 20 天出齐苗。

6.3 田间管理

前茬作物收获后，将秸秆清理至田外，进行一次疏苗间苗，一般亩留苗 6 万～8 万株。

施肥，柴胡播种前，结合前茬作物中耕，每亩施入磷酸氢二铵 30 千克；以后，每年春季随雨亩施氮肥 20 千克，花果期亩施磷、钾肥 20 千克。

除草，一是根据当地条件，合理轮作；二是结合播前、播后苗前和苗后的田间管理，进行人工除草。前茬作物收获后，根据田间苗情，中耕一遍，起到除草作用，如果田间苗小，人工拔除田间杂草即可；以后每年的 4～5 月份，浅锄一遍，起到除草、保墒双效；5 月以后，随着柴胡的生长，田间封垄，就可抑制杂草生长，不用下锄。一般不使用化学除草剂除草。

割薹，在非留种田第二年的 6～7 月，将柴胡的花薹全部割掉，割 1～2 遍。第三年，如果不是留种田，也同样进行割薹，以减少养分消耗，促进根部快速生长。留种田可保留花薹。

6.4 病虫害防治

一是以“ 预防为主 ”，大力提倡运用“综合防治”方法；

二是防治病虫害应力求少用化学农药。选择高效、低毒、低残留的农药品种，合理使用农药，把农药使用量压低到最低水平。在必须施用时，严格执行中药材规范化生产农药使用原则，慎选药剂种类；

三是严格掌握用药量和用药时期，尽量减少农药残毒影响。

7 产品采收

7.1 采收时期

柴胡种植第三年后，可以收获。于秋季上部茎叶干枯后，到次年春季返青前收获。挖出根部，留芦头 1 厘米，剪去干枯茎叶，晾至半干，分级捋顺捆把，晾至全干。

7.2 采收方法

在采挖前先将地上茎秆距地面 3～5 厘米处割去，后在畦旁开挖深 25 厘米左右的沟，然后顺畦向前采挖。

7.3 加工

挖取的柴胡，去净泥土、芦头和茎叶，在芦头和根茎之间用刀切开或剪开，置干净通风的阴凉处干燥，边干燥边拣去杂质，直至干透。

8　质量标准

柴胡的根呈圆柱形或长圆锥形，常有分枝，长8～22厘米，直径0.3～1.2厘米。表面黑褐色或褐色，近根头部有横皱纹，渐至下部有不规则纵皱纹及皮孔，并有细小支根痕。根头部残留茎基及叶柄。质硬而韧，不易折断，断面显纤维性，皮部浅棕色，木部黄白色，气微香，味微苦，单棵干重0.8～2.8克。

9　包装、储藏、运输

9.1　包装

可选择手工包装或机械包装。加工合格的药材在包装前必须再次检查挑选药材中有无劣质品和异物，不得将劣质品和异物打入包内。每袋包装完成后，应立即将袋口捆扎严密，填注标记。包装材料用无毒聚丙烯编织材料，每件50千克。

9.2　贮藏

在仓库干燥通风处，适宜温度在28℃以下，相对湿度45%～75%。商品水分含量限定为10%。

9.3　运输

运输工具必须清洁、干燥，遇阴雨天应防雨防潮。运输时严禁与可能污染其品质的货物混装。

第二节　柴胡原种、良种生产技术操作规程

邯郸市地方标准 DB1304/T270—2014

1　内容与适用范围

本规程是按《中药材生产质量管理规范》（GAP）的综合技术要求制定的，规定了柴胡原种、良种繁育的技术规程。

本规程适用于涉县及其周边气候相似的柴胡良种繁育基地，其他地方可参考施行。

2　引用标准

下列文件中的条款通过本标准的引用而成为本标准的条款。凡是注日期的

引用文件，其随后所有的修改单（不包括勘误的内容）或修订版不适用于本标准，然而，鼓励根据本标准达成协议的各方研究是否可使用这些文件的最新版本。凡是不注日期的引用文件，其最新版本适用于本标准。

《中华人民共和国药典》2000 年版（一部）

《中药材生产质量管理规范》（试行）（2002 年 3 月）

GB/T 3543.3～3543.7—1995 农作物种子检验规程

3 定义

原种：柴胡原种必须是保持原品种典型性、不带检疫性病害、虫害和草害的柴胡优良种子。

良种：是在严格防杂保纯条件下繁殖的、保持原品种典型性、具有遗传稳定性和一致性的，不带检疫性病害、虫害和草害的，按照本规程生产出来的符合柴胡良种质量标准最低要求的柴胡种子。

4 原种生产

4.1 原种生产方法分类

原种生产可采用育种家种子直接繁殖，也可采用三圃或二圃的方法。

4.2 隔离

为了避免种子混杂，保持优良种性，原种生产田周围 1 千米内不得种植其他品种的柴胡。

4.3 用育种家种子生产原种

4.3.1 种子来源 由品种育成者或育成单位提供。

4.3.2 生产方法

4.3.2.1 播种。将育种家种子适度稀植于原种田中，播种时要将播种工具清理干净，严防机械混杂。

4.3.2.2 去杂去劣。在苗期、拔节期、花果期、成熟收获期要根据品种典型性严格拔除杂株、病株、劣株。

4.3.3.3 收获。成熟时及时收获。要单收、单脱粒、专场晾晒，严防混杂。

4.4 用三圃法（株行圃、株系圃、原种圃）生产原种

4.4.1 单株选择

4.4.1.1 单株来源。单株在株行圃、株系圃或原种圃中选择，如无株行圃或原种圃时可建立单株选择圃，或在纯度较高的种子田，或在地道产区生长优良、隔离条件较好大田中选择。

4.4.1.2　选择时期。选择分为苗期、拔节期、花果期和成熟收获期四期进行。

4.4.1.3　选择标准和方法。要根据柴胡品种特征特性，选择典型性强、生长健壮、丰产性好的单株。苗期根据基生叶长宽比例、叶色；拔节期根据拔节的早晚；花果期根据株型、茎色、茎棱、茎节数等性状进行单株选择，并标记；成熟收获期根据株高、熟期、种子大小和外观、抗病性、根形和根色从花期入选的单株中筛选。筛选时要避开地头、地边和缺苗断垄处。

4.4.1.4　选择数量。选择数量应根据原种需要量而定，一般每品种每亩株行圃选单株500～600株。

4.4.1.5　室内考种及复选（参照附录）。入选植株要根据植株的根形、根色、根重、选丰产性好的典型单株，单株脱粒。决选的单株在剔除个别病虫粒后分别装袋编号保存。

4.4.2　株行圃

4.4.2.1　田间设计。各株行的长度应一致，行长5～10米，每隔9行或19行设一对照行，对照行为同一品种原种，或同一来源的种子。

4.4.2.2　播种。要适时将上年入选的每株种子播种一行，密度应比大田稍稀，二、三粒穴播留一株苗。

4.4.2.3　田间鉴评。田间鉴评分四期进行。苗期根据幼苗长相、基生叶长宽比例、叶色；拔节期根据拔节的早晚；花果期根据株型、茎色、茎棱、茎棱色、茎节数；成熟收获期根据熟期、种子大小和外观、抗病性来鉴定品种的典型性和株行的整齐度。通过鉴评要淘汰不具备原品种典型性的、有杂株的、丰产性差的、病虫害较重的株行，并做明显标记和记载。对入选株行中的个别病劣株要及时拔除。

4.4.2.4　收获。收获前要清除淘汰株行，对入选株行要按行单收、单晾晒、单脱粒、单袋装，袋内外放、拴标签。

4.4.2.5　决选：参照附录。在室内要根据各株行的根形、根色、根重进行决选。淘汰籽粒性状不典型株行。决选株行种子单独装袋，放、拴好标签，妥善保管。

4.4.3　株系圃

4.4.3.1　田间设计。株系圃面积因上年株行圃入选株行种子量而定。各株系行数和行长应一致，每隔9区或19区设一对照区，对照应用同品种的原种或同一来源的种子。

4.4.3.2　播种。将上年保存的每一株行种子种一小区，二、三粒穴播留一株苗，密度应比大田稍稀。

4.4.3.3 田间鉴评。田间鉴评各项同 4.4.2.3，若小区出现杂株，则全小区淘汰。同时要注意各株系间的一致性。

4.4.3.4 收获。先将淘汰区清除后对入选小区单收、单晾晒、单脱粒、单称重、单袋装，袋内外放、拴标签。

4.4.3.5 决选。在室内要根据各株系的根形、根色、根重，并进行有效成分含量检测进行决选。淘汰籽粒性状不典型、有效成分含量低的株系。入选株系的种子混合装袋，袋内外放、拴好标签，妥善保存。

4.4.4 原种圃

4.4.4.1 播种。将上年株系圃决选的种子适度稀植于原种田中，播种时要将播种工具清理干净，严防机械混杂。

4.4.4.2 去杂去劣。在苗期、拔节期、花果期、成熟收获期要根据品种典型性，严格拔除杂株、病株、劣株。

4.4.4.3 收获。成熟时及时收获。要单收、单脱粒、专场晾晒，严防混杂。

4.5 用二圃法（株行圃、原种圃）生产原种

二圃法生产原种的“单株选择”和原种圃做法均同 4.4。株行圃除决选后将各株行种子混合保存外，其余做法同 4.4。

4.6 栽培管理

4.6.1 记录 原种生产田应由固定的技术人员负责，并有田间观察记载，详见附录（标准的附录）。

4.6.2 选地 要选择地势高燥、肥力均匀、土质良好、排灌方便、不重茬、不迎茬、不易受周围不良环境影响和损害的地块。

4.6.3 管理 各项田间管理均要根据品种的特性，采用先进的栽培管理措施，提高种子的繁殖系数，并应注意管理措施的一致性，同一管理措施要在同一天完成。

4.6.4 种子收获

4.6.4.1 柴胡种子的生长繁育特性。柴胡属多年生草本药用植物，需要二年完成一个生长发育周期。人工栽培柴胡第一年生长只生基生叶和茎，只有很少植株开少量花，一般当年不能产种子。第二年春季返青，植株生长迅速，于7～9 月开花，8～10 月为果熟期。

4.6.4.2 种子特性。柴胡种子寿命短，且为生理性胚后熟，当年新产种子发芽率为 50%～ 70%，常温下贮藏种子寿命不超过一年。柴胡种子千粒重大约为 1.0～1.6 克。

4.6.4.3　种子采收。9～10 月份，当种子颜色由黄褐色变为棕褐色时，剪下果穗，摊晾至干，脱粒，去除杂质。

4.6.4.4　种子储藏。将收获的种子置于温差较小、通风干燥仓库保管，防止受潮。

5　良种生产

5.1　种子来源

由 4.3、4.4、4.5 生产的原种。

5.2　生产方法

良种繁殖方法同 4.4.4。

5.3　栽培管理

良种生产田的栽培管理同 4.6。

6　种子的检验

6.1　原种、良种生产单位要搞好种子检验，并由种子检验部门根据 GB/T3543.1～GB/T3543.7 进行复检。

附录　柴胡原种、良种生产田间记载项目与内容

1　田间调查项目及标准

1.1　播种期：播种当天的日期。

1.2　出苗期：以真叶展开的幼苗数占播种粒数的 50%为标准。

1.3　苗期：以展开基生叶的幼苗数占 50%为标准。

1.4　拔节期：以拔节的植株数占 50%为标准。

1.5　花果期：以顶花序开花的植株占 50%为标准。

1.6　成熟期：地上部茎叶变黄绿色，中下部叶片脱落。

1.7　收获期：实际刨收的日期。

1.8　全生育期：播种第二天至成熟的天数。

1.9　基生叶叶形：在苗期调查，分为披针形、线形。

1.10　叶长、叶宽：在拔节期调查。

1.11　叶色：在苗期和花果期调查，分为黄绿、绿、暗绿

1.12　茎棱色：在拔节期调查，分为绿、深绿带紫、紫。

1.13　茎色：在拔节期调查，分为霜绿、绿、紫绿、紫。

1.14　株高：在花果期调查，从植物基部到顶花序在主茎的着生部。

1.15　茎棱：在花果期调查，分为明显、不明显、无。

2　室内考种项目及标准

2.1　千粒重：随机取两个重复种子各 1 000 粒称重，取平均值，以克表示。两份重量的差数与平均数之比不应超过 5%，如果超过，则需再分析第三次重复，直至达到要求，取差距小的两份重复计算结果。

2.2　种子大小：测定种子长、宽、高，计算三者比例。

2.3　种皮：分有无鳞片。

2.4　根形：主根分为圆柱形、圆锥形，并计算侧根数多少。

2.5　根色：分为黄褐色、土灰色、黑色。

2.6　根重：分别测定入选单株根的干重。

第三节　柴胡种子检验技术规程

邯郸市地方标准 DB1304/T269—2014

1　范围

本标准规定了柴胡种子检验的扦样、净度分析、千粒重测定、含水量测定、种子真实性、发芽率测定、生活力测定等方法，还规定了质量检验证书的内容和格式。

本标准适用于柴胡种子生产者、经营管理者和使用者在种子采收、调运、播种、贮藏以及国内外贸易时所进行的种子质量的检验。

2　规范性引用文件

下列文件中的条款通过本标准的引用而成为本标准的条款。凡是注日期的引用文件，其随后所有的修改单（不包括勘误的内容）或修订版不适用用于本标准，然而，鼓励根据本标准达成协议的各方研究是否可使用这些文件的最新版本。凡是不注日期的引用文件，其最新版本是用于本标准。

GB/T3543.2　农作物种子检验规程　扦样

GB/T3542.3　农作物种子检验规程　净度分析

GB/T3542.4　农作物种子检验规程　发芽试验

GB/T3542.5　农作物种子检验规程　水分测定

GB/T3542.6　农作物种子检验规程　真实性和品种纯度鉴定

GB/T3542.7　农作物种子检验规程　其他项目检验

3　扦样

按 GB/T3543.2 农作物种子检验规程 扦样执行

本品种种子批的最大重量和样品的最小重量见下表 1。

表 1　种子批的最大重量和样品的最小重量

植物名	学名	种子批的最大重量（千克）	样品的最小重量（克）	
			送检样品	净度分析样品
柴胡	*Bupleurum chinense* DC	1 000	50	10

4　净度分析

按 GB/T3542.3 农作物种子检验规程 净度分析执行。

5　千粒重测定

千粒重：柴胡种子质量标准规定水分的 1000 粒种子的重量，以克为单位。

5.1　方法

将净度分析后所得的全部净种子混匀，随机数取 2 个重复各 1 000 粒种子，分别称重（克），按称重与小数位数的规定保留小数。

5.2　结果计算

两重复的差数与平均数之比（误差）不应超过 5%，若超过，再随机取 1 000粒称重，直到达到要求，则选取差距小的两份计算测定结果，作为实测千粒重。根据实测千粒重和实测水分，按柴胡种子质量标准规定的水分，折算成规定水分的千粒重。计算方法如下：

千粒重（规定水分，克）＝实测千粒重（克）×［1－实测水分（%）］/［1－规定水分（%）］

5.3　结果报告

结果填报在种子样品检验结果单的规定栏中。

6　水分测定

种子水分是指种子内自由水和束缚水的重量占种子原始重量的百分率。

6.1　程序与方法

柴胡种子水分测定采用高恒温烘干法测定，方法与步骤具体如下：

（1）铝盒恒重：将待用铝盒（含盒盖）洗净后，于130℃的条件下烘干1小时，取出后冷却称重，再继续烘干30分钟，取出后冷却称重，当两次烘干结果误差小于或等于0.002克时，取两次的平均值。否则，继续烘干至恒重。

（2）制备样品：将密闭容器中的样品充分混合，从中分别取出两个独立的试验样品12～25克，放入铝盒中，连同铝盒及盖一起称重（精确至0.001克），这一取样、称重过程须迅速，所用时间不宜超过2分钟；称后置于已标记好的铝盒内一并放入干燥器。

（3）将样品摊平：必须使试验样品在样品盒的分布均匀，放入预先调好温度的烘箱内的上层，迅速关闭烘箱门，

（4）待烘箱达到规定温度130℃时开始计时，130℃±2℃下烘1小时；

（5）1小时后取出，用坩埚钳或戴上手套盖好盒盖（在箱内加盖），取出后放入干燥器内冷却至室温（约30分钟）后再称重。

6.2　结果计算

根据烘后失去的重量占供检样品原始重量的百分率计算种子水分百分率（保留到小数点后一位）：

$$种子水分（\%）=[(M_2-M_3)/(M_2-M_1)]\times 100\%$$

式中　M_1——样品盒和盖的重量，克；

M_2——样品盒和盖及样品的烘前重量，克；

M_3——样品盒和盖及样品的烘后重量，克。

6.3　结果报告

结果填报在种子样品检验结果单的规定栏中，精确度为0.1%。

7　品种纯度室内测定

品种纯度：品种在特征特性方面典型一致的程度。用本品种的种子数占供检本作物样品种子数的百分率表示。

7.1　程序与方法

种子形态鉴定法：随机从送验样品中数取4重复各50粒种子。测量种子大小（长度、宽度和厚度等）、形状（长宽比）、千粒重，肉眼观察种子表面色泽、侧面及生合面形状等形态特征，必要时可借助扩大镜等进行逐粒观察，必须备有标准样品或鉴定图片和有关资料。

室内幼苗鉴定法：随机从送验样品中数取4重复各100粒种子进行发芽试验，当幼苗达到适宜评价的发育阶段时，对全部或部分幼苗进行鉴定。

田间植株鉴定法：田间小区种植是鉴定柴胡真实性最为可靠、准确的方法。为了鉴定柴胡真实性，应在鉴定的各个阶段与标准样品进行比较。为使植株特征特性充分表现，试验的设计和布局上要选择气候环境条件适宜的、土壤均匀、肥力一致、前茬无同类作物和杂草的田块，并有适宜的栽培管理措施。

7.2　结果计算

用种子或幼苗鉴定时，用本品种纯度百分率表示：

品种纯度＝［(供检种子粒数或幼苗数—异品种种子粒数或幼苗数）/供检种子粒数］×100%。

用植株鉴定时，将所鉴定的本品种、异品种、异作物和杂草等均以所鉴定植株的百分率表示。

7.3　结果报告

在实验室所测定的结果须填报种子数、幼苗数或植株数。

田间小区种植鉴定结果除品种纯度外，可能时还填报所发现的异作物、杂草和其他栽培品种的百分率。

8　发芽测定

8.1　术语与定义

发芽率：在规定的条件和时间内长成的正常幼苗数占供检种子数的百分率。

正常幼苗：在良好土壤及适宜水分、温度和光照条件下，具有继续生长发育成为正常植株的幼苗。

不正常幼苗：生长在良好土壤及适宜水分、温度和光照条件下，不能继续生长发育成为正常植株的幼苗。

8.2　发芽床与设备

8.2.1　沙床准备　将沙子过筛用清水洗去污物和杂质，装入铁盘放入130～170℃烘干箱中，高温消毒2～3小时，达到杀死病原物的目的，冷却后用孔径0.8毫米和0.05毫米的圆孔筛2个，将烘干的沙子过筛，取出2层筛之间的沙子，即直径为0.05～0.8毫米的沙粒作为发芽介质备用。

8.2.2　种子准备　从经充分混合的净种子中随机数取4份各100粒，放入配制好的0.3%多菌灵溶液中浸泡4小时，以杀死病原物，捞出用清水冲洗后，晾干备用。

8.2.3　发芽程序　将备用的沙子加水拌匀，一般加水量为其饱和含水量的

60%～80%。通常也可采用简便方法调配，即100克干沙中加入18～26毫升的水，充分拌匀后达到手捏成团，放手即散开为宜。然后将拌好水的沙子放入到高3厘米以上的透明培养盒内，沙子平铺厚度约2厘米；再将4份各100粒种子分别均匀排放到4个准备好湿沙的培养盒中，上面覆盖0.3～0.5厘米的干砂，贴好标签，盖好盖子，放入发芽箱内，温度控制在15～20℃，8小时光照条件下培养。发芽期间无需补充水分，8天开始检查发芽情况，到第35天最后计数结束实验。

设备：光照培养箱，符合控温可靠、准确、稳定的要求。箱内温度均匀一致，通风良好，

注意：避免病菌交叉感染及影响其他幼苗的发育，可酌情进行中期计数，把已经充分发育的幼苗取出。在日常实验管理及发芽计数过程中，如发现腐烂或严重感染的种子，应及时将其取出。

8.3 幼苗鉴定

将实验材料分为以下3种情况进行鉴定计数：

（1）正常幼苗：具有继续生长成为良好植株潜力的幼苗，包括完整幼苗、带有轻微缺陷的幼苗和次生感染的幼苗。

（2）不正常幼苗：不能生长成为良好植株的幼苗，包括损伤至不能均衡生长的幼苗、畸形或不匀称的幼苗、腐烂幼苗。

（3）未发芽种子：在试验末期仍不能发芽的种子，包括新鲜种子、死种子和虫害种子。

8.4 结果计算

发芽试验结果要计算4个100粒种子重复的平均数，发芽率用正常幼苗的百分率表示，百分率四舍五入修约至整数。正常幼苗、不正常幼苗和未发芽种子的百分率总和必须是100%。

8.5 结果报告

填报种子样品质量检验证书时，须填报正常幼苗、不正常幼苗、新鲜不发芽种子和死种子的百分率。假如其中任何一项结果为零，则将符号“—0—”填入表格中。同时还需要填报采用的发芽床和温度、实验持续时间。

9 质量检测报告

全部项目检验结束后，将检验结果如实填写表2、表3、表4、表5。

表 2　种子质量检测报告

受检单位			
送检单位			
品种名称		样品编号	
种子产地		批号	
收货时期		批重	
种子存放地点		批件数	
种子存放方式		抽取质量	
抽样时间		保管人员	
种子净度		种子千粒重	
种子水分		种子真实性	
种子发芽率			
检验人签字			
备注			

表 3　称重与小数位数的规定

重量范围（克）	保留的小数位数
1.000 0 以下	4
1.000～9.999	3
10.00～99.99	2
100.0～999.9	1
1 000 或 1 000 以上	0

表 4　发芽试验和生活力测定中 100 粒四重复间的最大容许误差范围（2.5%显著水平的两位测定）

平均百分率（%）		最大容许范围	平均百分率（%）		最大容许范围
99	2	5	87～88	13～14	13
98	3	6	84～86	15～17	14
97	4	7	81～83	18～20	15
96	5	8	78～80	21～23	16
95	6	9	73～77	24～28	17
93～94	7～8	10	67～72	29～34	18
91～92	9～10	11	56～66	35～45	19
89～90	11～12	12	51～55	46～50	20

表 5　两次发芽试验和生活力测定结果间（各 400 粒种子）的最大容许误差范围

（2.5%显著水平的两位测定）

平均百分率（%）		最大容许范围	平均百分率（%）		最大容许范围
98～99	2～3	2	77～84	17～24	6
95～97	4～6	3	60～76	25～41	7
91～94	7～10	4	51～59	42～50	8
85～90	11～12	5			

第四节　柴胡种子质量标准

邯郸市地方标准 DB1304/T268—2014

1　范围

本标准规定了涉县柴胡种子的质量分级标准。

本标准适用于涉县柴胡种子生产者、经营管理者和使用者在种子采收、调运、播种、贮藏以及国内外贸易时所进行种子质量检测的依据。

2　规范性引用文件

下列文件的条款通过本标准的引用而成为本标准的条款。凡是注日期的引用文件，其随后所有的修改单（不包括勘误的内容）或修订版均不适用于本标准，然而，鼓励根据本标准达成协议的各方研究是否可使用这些文件的最新版本。凡是不注日期的引用文件，其最新版本适用于本标准。

GB/T3543.1～3543.7—1995 农作物种子检验规程。

3　质量分级要求

等级	发芽率（%）	千粒重（克）	净度（%）	含水量（%）
Ⅰ	≥65	≥1.2	≥95.0	≤13.0
Ⅱ	≥60	≥1.1	≥90.0	≤13.0
Ⅲ	≥50	≥1.0	≥80.0	≤13.0

4　检验方法

按照柴胡种子检验规程执行

5　检验规则

任何一项指标不符合规定标准，则该种子不能作为相应等级的合格种子。

第五节　柴胡药材标准
［摘引至《中华人民共和国药典》2010年版（一部）］

柴胡 Chaihu

本品为伞形科植物柴胡（*Bupleurum chinense* DC.）或狭叶柴胡（*Bupleurum scorzonerifolium* Willd.）的干燥根。按性状不同，分别习称"北柴胡"和"南柴胡"。

春、秋二季采挖，除去茎叶和泥沙，干燥。

【性状】北柴胡　呈圆柱形或长圆锥形，长6～15厘米，直径0.3～0.8厘米。根头膨大，顶端残留3～15个茎基或短纤维状叶基，下部分枝。表面黑褐色或浅棕色，具纵皱纹、支根痕及皮孔。质硬而韧，不易折断，断面显纤维性，皮部浅棕色，木部黄白色。气微香，味微苦。

南柴胡　根较细，圆锥形，顶端有多数细毛状枯叶纤维，下部多不分枝或稍分枝。表面红棕色或黑棕色，靠近根头处多具细密环纹。质稍软，易折断，断面略平坦，不显纤维性。具败油气。

【鉴别】北柴胡　取本品粉末0.5克，加甲醇20毫升，超声处理10分钟，滤过，滤液浓缩至约5毫升，作为供试品溶液。另取北柴胡对照药材0.5克，同法制成对照药材溶液。再取柴胡皂苷a对照品，柴胡皂苷d对照品，加甲醇制成每1毫升各含0.5毫克的混合溶液，作为对照品溶液。照薄层色谱法（附录VI B）试验，吸取上述三种溶液各5微升，分别点于同一硅胶G薄层板上，以乙酸乙酯：乙醇：水（8：2：1）为展开剂，展开，取出，晾干，喷以2%对二甲氨基苯甲醛的40%硫酸溶液，在60℃加热至斑点显色清晰，分别置日光及紫外光灯（365纳米）下检视。供试品色谱中，在与对照药材色谱和对照品色谱相应的位置上，显相同颜色的斑点或荧光斑点。

【检查】水分　不得过10.0%（附录IX H第一法）。

总灰分 不得过8.0%（附录Ⅸ K）。

酸不溶性灰分 不得过3.0%（附录Ⅸ K）。

【浸出物】照醇溶性浸出物测定法项下的热浸法（附录Ⅹ A）测定，用乙醇作溶剂，不得少于11.0%。

【含量测定】北柴胡 照高效液相色谱法（附录Ⅵ D）测定。

色谱条件与系统适用性试验 以十八烷基硅烷键合硅胶为填充剂；以乙腈为流动相A，以水为流动相B，按下表中的规定进行梯度洗脱；检测波长为210nm。理论板数按柴胡皂苷a峰计算应不低于10 000。

时间（分钟）	流动相A	（%）	流动相B	（%）
0～50	25	90	75	10
50～55		90		10

对照品溶液的制备 取柴胡皂苷a对照品、柴胡皂苷d对照品适量，精密称定，加甲醇制成每1毫升含柴胡皂苷a 0.4毫克，柴胡皂苷d 0.5毫克的溶液，摇匀，即得。

供试品溶液的制备 取本品粉末（过四号筛）约0.5克，精密称定，置具赛锥形瓶中，加入含5%浓氨试液的甲醇溶液25毫升，密塞，30℃水温超声处理（功率200瓦，频率40千赫）30分钟，滤过，用甲醇20毫升分两次洗涤容器及药渣，洗液与滤液合并，回收溶剂至干。残渣加甲醇溶解，转移至5毫升量瓶中，加甲醇稀释至刻度，摇匀，滤过，取续滤液，即得。

测定法 分别精密吸取对照品溶液20微升与供试品溶液10～20微升，注入高效液相色谱仪，测定，即得。

本品按干燥品计算，含柴胡皂苷a（$C_{42}H_{68}O_{13}$）和柴胡皂苷d（$C_{42}H_{68}O_{13}$）的总量不得少于0.30%。

饮片

【炮制】北柴胡 除去杂质及残茎，洗净，润透，切厚片，干燥。

本品呈不规则厚片。外表皮黑褐色或浅棕色，具纵皱纹和支根痕。切面淡黄白色，纤维性。质硬。气微香，味微苦。

[鉴别][检查][浸出物][含量测定] 同北柴胡。

醋北柴胡 取北柴胡片，照醋炙法（附录Ⅱ D）炒干。

本品形如北柴胡片，表面淡棕黄色，微有醋香气，味微苦。

[浸出物] 照醇溶性浸出物测定法（附录Ⅹ A）项下的热浸法测定，用乙醇作溶剂，不得少于12.0%。

［鉴别］［检查］［含量测定］同北柴胡。

南柴胡　除去杂质，洗净，润透，切厚片，干燥。

本品呈类圆形或不规则片。外表皮红棕色或黑褐色。有时可见根头处具细密环纹或有细毛状枯叶纤维。切面黄白色，平坦。具败油气。

醋南柴胡　取南柴胡片，照醋炙法（附录II D）炒干。

本品形如南柴胡片，微有醋香气。

【性味与归经】辛、苦，微寒。归肝、胆、肺经。

【功能与主治】疏散退热，疏肝解郁，升举阳气。用于感冒发热，寒热往来，胸胁胀痛，月经不调，子宫脱垂，脱肛。

【用法与用量】3～10克。

【注意】

1. 肝阳上亢，肝风内动，阴虚火旺及气机上逆者忌用或慎用。

2. 大叶柴胡（*Bupleurum longibrachiatum*）Turcz. 的干燥根茎，表面密生环节，有毒，不可当柴胡用。

【贮藏】置通风干燥处，防蛀。

附录一　中药材生产质量管理规范（GAP）

《中药材生产质量管理规范（试行）》于2002年3月18日经国家药品监督管理局局务会审议通过，现予发布。本规范自2002年6月1日起施行。

第一章　总　　则

第一条　为规范中药材生产，保证中药材质量，促进中药标准化、现代化，制订本规范。

第二条　本规范是中药材生产和质量管理的基本准则，适用于中药材生产企业（以下简称生产企业）生产中药材（含植物、动物药）的全过程。

第三条　生产企业应运用规范化管理和质量监控手段，保护野生药材资源和生态环境，坚持“最大持续产量”原则，实现资源的可持续利用。

第二章　产地生态环境

第四条　生产企业应按中药材产地适宜性优化原则，因地制宜，合理布局。

第五条　中药材产地的环境应符合国家相应标准，空气应符合大气环境质量二级标准，土壤应符合土壤质量二级标准，灌溉水应符合农田灌溉水质量标准；药用动物饮用水应符合生活饮用水质量标准。

第六条　药用动物养殖企业应满足动物种群对生态因子的需求及与生活、繁殖等相适应的条件。

第三章　种质和繁殖材料

第七条　对养殖、栽培或野生采集的药用动植物，应准确鉴定其物种，包括亚种、变种或品种，记录其中文名及学名。

第八条　种子、菌种和繁殖材料在生产、储运过程中应实行检验和检疫制度以保证质量和防止病虫害及杂草的传播；防止伪劣种子、菌种和繁殖材料的交易与传播。

第九条　应按动物习性进行药用动物的引种及驯化。捕捉和运输时应避免动物机体和精神损伤。引种动物必须严格检疫，并进行一定时间的隔离、观察。

第十条　加强中药材良种选育、配种工作，建立良种繁育基地，保护药用动植物种质资源。

第四章　栽培与养殖管理

第一节　药用植物栽培管理

第十一条　根据药用植物生长发育要求，确定栽培适宜区域，并制定相应的种植规程。

第十二条　根据药用植物的营养特点及土壤的供肥能力，确定施肥种类、时间和数量，施用肥料的种类以有机肥为主，根据不同药用植物物种生长发育的需要有限度地使用化学肥料。

第十三条　允许施用经充分腐熟达到无害化卫生标准的农家肥。禁止施用城市生活垃圾、工业垃圾及医院垃圾和粪便。

第十四条　根据药用植物不同生长发育时期的需水规律及气候条件、土壤水分状况，适时、合理灌溉和排水，保持土壤的良好通气条件。

第十五条　根据药用植物生长发育特性和不同的药用部位，加强田间管理，及时采取打顶、摘蕾、整枝修剪、覆盖遮阴等栽培措施，调控植株生长发育，提高药材产量，保持质量稳定。

第十六条　药用植物病虫害的防治应采取综合防治策略。如必须施用农药时，应按照《中华人民共和国农药管理条例》的规定，采用最小有效剂量并选用高效、低毒、低残留农药，以降低农药残留和重金属污染，保护生态环境。

第二节　药用动物养殖管理

第十七条　根据药用动物生存环境、食性、行为特点及对环境的适应能力等，确定相应的养殖方式和方法，制定相应的养殖规程和管理制度。

第十八条　根据药用动物的季节活动、昼夜活动规律及不同生长周期和生理特点，科学配制饲料，定时定量投喂。适时适量地补充精料、维生素、矿物质及其他必要的添加剂，不得添加激素、类激素等添加剂。饲料及添加剂应无污染。

第十九条　药用动物养殖应视季节、气温、通气等情况，确定给水的时间及次数。草食动物应尽可能通过多食青绿多汁的饲料补充水分。

第二十条　根据药用动物栖息、行为等特性，建造具有一定空间的固定场所及必要的安全设施。

第二十一条　养殖环境应保持清洁卫生，建立消毒制度，并选用适当消毒剂对动物的生活场所、设备等进行定期消毒。加强对进入养殖场所人员的管理。

第二十二条 药用动物的疫病防治，应以预防为主，定期接种疫苗。

第二十三条 合理划分养殖区，对群饲药用动物要有适当密度。发现患病动物，应及时隔离。传染病患动物应处死，火化或深埋。

第二十四条 根据养殖计划和育种需要，确定动物群的组成与结构，适时周转。

第二十五条 禁止将中毒、感染疫病的药用动物加工成中药材。

第五章 采收与初加工

第二十六条 野生或半野生药用动植物的采集应坚持“最大持续产量”原则，应有计划地进行野生抚育、轮采与封育，以利于生物的繁衍与资源的更新。

第二十七条 根据产品质量及植物单位面积产量或动物养殖数量，并参考传统采收经验等因素确定适宜的采收时间（包括采收期、采收年限）和方法。

第二十八条 采收机械、器具应保持清洁、无污染，存放在无虫鼠害和禽畜的干燥场所。

第二十九条 采收及初加工过程中应尽可能排除非药用部分及异物，特别是杂草及有毒物质，剔除破损、腐烂变质的部分。

第三十条 药用部分采收后，经过拣选、清洗、切制或修整等适宜的加工，需干燥的应采用适宜的方法和技术迅速干燥，并控制温度和湿度，使中药材不受污染，有效成分不被破坏。

第三十一条 鲜用药材可采用冷藏、沙藏、罐贮、生物保鲜等适宜的保鲜方法，尽可能不使用保鲜剂和防腐剂。如必须使用时，应符合国家对食品添加剂的有关规定。

第三十二条 加工场地应清洁、通风，具有遮阳、防雨和防鼠、虫及禽畜的设施。

第三十三条 地道药材应按传统方法进行加工。如有改动，应提供充分试验数据，不得影响药材质量。

第六章 包装、运输与贮藏

第三十四条 包装前应检查并清除劣质品及异物。包装应按标准操作规程操作，并有批包装记录，其内容应包括品名、规格、产地、批号、重量、包装工号、包装日期等。

第三十五条　所使用的包装材料应是清洁、干燥、无污染、无破损，并符合药材质量要求。

第三十六条　在每件药材包装上，应注明品名、规格、产地、批号、包装日期、生产单位，并附有质量合格的标志。

第三十七条　易破碎的药材应使用坚固的箱盒包装；毒性、麻醉性、贵细药材应使用特殊包装，并应贴上相应的标记。

第三十八条　药材批量运输时，不应与其他有毒、有害、易串味物质混装。运载容器应具有较好的通气性，以保持干燥，并应有防潮措施。

第三十九条　药材仓库应通风、干燥、避光，必要时安装空调及除湿设备，并具有防鼠、虫、禽畜的措施。地面应整洁、无缝隙、易清洁。药材应存放在货架上，与墙壁保持足够距离，防止虫蛀、霉变、腐烂、泛油等现象发生，并定期检查。

在应用传统贮藏方法的同时，应注意选用现代贮藏保管新技术、新设备。

第七章　质量管理

第四十条　生产企业应设质量管理部门，负责中药材生产全过程的监督管理和质量监控，并应配备与药材生产规模、品种检验要求相适应的人员、场所、仪器和设备。

第四十一条　质量管理部门的主要职责：

（一）负责环境监测、卫生管理；

（二）负责生产资料、包装材料及药材的检验，并出具检验报告；

（三）负责制订培训计划，并监督实施；

（四）负责制订和管理质量文件，并对生产、包装、检验等各种原始记录进行管理。

第四十二条　药材包装前，质量检验部门应对每批药材，按中药材国家标准或经审核批准的中药材标准进行检验。检验项目应至少包括药材性状与鉴别、杂质、水分、灰分与酸不溶性灰分、浸出物、指标性成分或有效成分含量。农药残留量、重金属及微生物限度均应符合国家标准和有关规定。

第四十三条　检验报告应由检验人员、质量检验部门负责人签章。检验报告应存档。

第四十四条　不合格的中药材不得出场和销售。

第八章　人员和设备

第四十五条　生产企业的技术负责人应有药学或农学、畜牧学等相关专业的大专以上学历，并有药材生产实践经验。

第四十六条　质量管理部门负责人应有大专以上学历，并有药材质量管理经验。

第四十七条　从事中药材生产的人员均应具有基本的中药学、农学或畜牧学常识，并经生产技术、安全及卫生学知识培训。从事田间工作的人员应熟悉栽培技术，特别是农药的施用及防护技术；从事养殖的人员应熟悉养殖技术。

第四十八条　从事加工、包装、检验人员应定期进行健康检查，患有传染病、皮肤病或外伤性疾病等不得从事直接接触药材的工作。生产企业应配备专人负责环境卫生及个人卫生检查。

第四十九条　对从事中药材生产的有关人员应定期培训与考核。

第五十条　中药材产地应设厕所或盥洗室，排出物不应对环境及产品造成污染。

第五十一条　生产企业生产和检验用的仪器、仪表、量具、衡器等其适用范围和精密度应符合生产和检验的要求，有明显的状态标志，并定期校验。

第九章　文件管理

第五十二条　生产企业应有生产管理、质量管理等标准操作规程。

第五十三条　每种中药材的生产全过程均应详细记录，必要时可附照片或图像。记录应包括：

（一）种子、菌种和繁殖材料的来源。

（二）生产技术与过程：①药用植物播种的时间、数量及面积；育苗、移栽以及肥料的种类、施用时间、施用量、施用方法；农药中包括杀虫剂、杀菌剂及除莠剂的种类、施用量、施用时间和方法等。②药用动物养殖日志、周转计划、选配种记录、产仔或产卵记录、病例病志、死亡报告书、死亡登记表、检免疫统计表、饲料配合表、饲料消耗记录、谱系登记表、后裔鉴定表等。③药用部分的采收时间、采收量、鲜重和加工、干燥、干燥减重、运输、贮藏等。④气象资料及小气候的记录等。⑤药材的质量评价：药材性状及各项检测的记录。

第五十四条　所有原始记录、生产计划及执行情况、合同及协议书等均应存档，至少保存 5 年。档案资料应有专人保管。

第十章　附　　则

第五十五条　本规范所用术语：

（一）中药材 指药用植物、动物的药用部分采收后经产地初加工形成的原料药材。

（二）中药材生产企业 指具有一定规模、按一定程序进行药用植物栽培或动物养殖、药材初加工、包装、储存等生产过程的单位。

（三）最大持续产量 即不危害生态环境，可持续生产（采收）的最大产量。

（四）地道药材 传统中药材中具有特定的种质、特定的产区或特定的生产技术和加工方法所生产的中药材。

（五）种子、菌种和繁殖材料 植物（含菌物）可供繁殖用的器官、组织、细胞等，菌物的菌丝、子实体等；动物的种物、仔、卵等。

（六）病虫害综合防治 从生物与环境整体观点出发，本着预防为主的指导思想和安全、有效、经济、简便的原则，因地制宜，合理运用生物的、农业的、化学的方法及其他有效生态手段，把病虫的危害控制在经济阈值以下，以达到提高经济效益和生态效益之目的。

（七）半野生药用动植物 指野生或逸为野生的药用动植物辅以适当人工抚育和中耕、除草、施肥或喂料等管理的动植物种群。

第五十六条　本规范由国家药品监督管理局负责解释。

第五十七条　本规范自 2002 年 6 月 1 日起施行。

附录二　中药材生产质量管理规范（GAP）认证检查评定标准（试行）

一、根据《中药材生产质量管理规范（试行）》（简称中药材 GAP），制定本认证检查评定标准。

二、中药材 GAP 认证检查项目共 104 项，其中关键项目（条款号前加“*”）19 项，一般项目 85 项。关键项目不合格则称为严重缺陷，一般项目不合格则称为一般缺陷。

三、根据申请认证品种确定相应的检查项目。

四、结果评定：

项目		结果
严重缺陷	一般缺陷	
0	≤20%	通过 GAP 认证
0	>20%	不能通过 GAP 认证
≥1 项	0	

中药材 GAP 认证检查项目

条款	检查内容
0301	生产企业是否对申报品种制定了保护野生药材资源、生态环境和持续发展的方案
*0401	生产企业是否按产地适宜性优化原则（地域性、安全性、可行性等）选定和建造生产基地，种植区域的环境条件是否与药用植物生物学和生态学特性相对应
0501	中药材产地空气是否符合国家大气环境质量二级标准
*0502	中药材产地土壤是否符合国家土壤质量二级标准
0503	土壤质量一般每 4 年检测一次
*0504	中药材灌溉水是否符合国家农田灌溉水质量标准
0505	灌溉水至少每年检测一次
*0506	药用动物饮用水是否符合生活饮用水质量标准
0507	饮用水至少每年检测一次
0601	药用动物养殖是否满足动物种群对生态因子的需求及与生活、繁殖等相适应的条件

（续）

条款	检查内容
*0701	对养殖、栽培或野生采集的药用动植物，是否准确鉴定其物种（包括亚种、变种或品种、中调及学名等）
0801	种子、菌种和繁殖材料在生产、储运过程中是否进行检验及检疫，并具有检验及检疫报告书
0802	是否有防止伪劣种子、菌种和繁殖材料的交易与传播的管理制度和有效措施
0803	是否根据具体品种情况制定药用植物种子菌种和繁殖材料的生产管理制度和操作规程
0901	是否按动物习性进行药用动物的引种及驯化
0902	在捕捉和运输动物时，是否有防止预防或避免动物机体和精神损伤的有效措施及方法
0903	引种动物是否由检疫机构检疫，并出具检疫报告书。引种动物是否进行一定时间的隔离、观察
*1001	是否进行中药材良种选育、配种工作，是否建立与生产规模相适应的良种繁育基地
*1101	是否根据药用植物生长发育要求制定相应的种植规程
1201	是否根据药用植物的营养特点及土壤的供肥能力，制定并实施施肥的标准操作规程（包括施肥种类、时间、方法和数量）
1202	施用肥料的种类是否以有机肥为主。若需使用化学肥料，是否制定有限度使用的岗位操作法或标准操作规程
1301	施用农家肥是否充分腐熟达到无害化卫生标准
*1302	是否施用城市生活垃圾、工业垃圾及医院垃圾和粪便
1401	是否制定药用植物合理灌溉和排水的管理制度及标准操作规程
1501	是否根据药用植物不同生长发育特性和不同药用部位，制定药用植物田间管理制度及标准操作规程，加强田间管理，及时采取打顶、摘蕾、整枝修剪、覆盖遮阴等栽培措施，提高药材产量，保持质量稳定
*1601	药用植物病虫害的防治是否采取综合防治策略
*1602	药用植物如必须施用农药时，是否按照《中华人民共和国农药管理条例》的规定，采用最小有效剂量并选用高效、低毒、低残留农药等
*1701	是否根据药用动物生存环境、食性、行为特点及对环境的适应能力等，确定与药用动物相适应的养殖方式和方法
1702	是否制定药用动物的养殖规程和管理制度

（续）

条款	检查内容
1801	是否根据药用动物的季节活动、昼夜活动规律及不同生长周期和生理特点，科学配制饲料，制定药用动物定时定量投喂的标准操作规程
1802	药用动物是否适时适量地补充精料、维生素、矿物质及其他必要的添加剂
*1803	药用动物饲料不得添加激素、类激素等添加剂
1804	药用动物饲料及添加剂应无污染
1901	药用动物养殖是否根据季节、气温、通气等情况，确定给水的时间和次数
1902	草食动物是否尽可能通过多食青绿多汁的饲料补充水分
2001	是否根据药用动物栖息、行为等特性，建造具有一定空间的固定场所及必要的安全设施
2101	药用动物养殖环境是否保持清洁卫生
2102	是否建立消毒制度，并选用适当消毒剂对动物的生活场所、设备等进行定期消毒
2103	是否建立对出入养殖场所人员的管理制度
2201	是否建立药用动物疫病预防措施，定期接种疫苗
2301	是否合理划分养殖区，对群饲药用动物要有适当密度
2302	发现患病动物，是否及时隔离
2303	传染病患动物是否及时处死后，火化或深埋
2401	是否根据养殖计划和育种需要，确定动物群的组成与结构，适时周转
*2501	禁止将中毒、感染疫病及不明原因死亡的药用动物加工成中药材
2601	野生或半野生药用动植物的采集是否坚持“最大持续产量”原则，是否有计划地进行野生抚育、轮采与封育
*2701	是否根据产品质量及植物单位面积产量或动物养殖数量，并参考传统采收经验等因素确定适宜的采收时间（包括采收期、采收年限）
2702	是否根据产品质量及植物单位面积产量或动物养殖数量，并参考传统采收经验等因素确定适宜的采收方法
2801	采收机械、器具是否保持清洁、无污染，是否存放在无虫鼠害和禽畜的干燥场所
2901	采收及初加工过程中是否排除非药用部分及异物，特别是杂草及有毒物质，剔除破损、腐烂变质的部分
3001	中药材采收后，是否进行拣选、清洗、切制或修整等适宜的加工
3002	需干燥的中药材采收后，是否及时采用适宜的方法和技术进行干燥，保证中药材不受污染、有效成分不被破坏

（续）

条款	检查内容
3101	鲜用中药材是否采用适宜的保鲜方法。如必须使用保鲜剂和防腐剂时，是否符合国家对食品添加大的有关规定
3201	加工场周围环境是否有污染源，场地是否清洁卫生，是否有满足中药材加工的必要设施，是否有防雨、防鼠、防尘、防虫、防禽畜措施
3301	地道药材是否按传统方法进行初加工。如有改动，是否提供充分实验数据，证明其不影响中药材质量
3401	包装是否有标准操作规程
3402	包装前是否再次检查并清除劣质品及异物
3403	包装是否有批包装记录，其内容应包括品名、规格、产地、批号、重量、包装工号、包装日期等
3501	所使用的包装材料是否无污染、清洁、干燥、无破损，并不影响中药材质量。
3601	在每件中药材包装上，是否注明品名、规格、产地、批号、包装日期、生产单位、采收日期、贮藏条件、注意事项，并附有质量合格的标志
3701	易破碎的中药材是否装在坚固的箱盒内
*3702	毒性中药材、按麻醉药品管理的中药材是否使用特殊包装，是否有明显的规定标记
3801	中药材批量运输时，是否与其他有毒、有害、易串味物质混装
3802	运载容器是否具有较好的通气性，并有防潮措施
3901	是否制订仓储养护规程和管理制度
3902	中药材仓库是否保持清洁和通风、干燥、避光、防霉变。温度、湿度是否符合储存要求并具有防鼠、虫、禽畜的措施
3903	中药材仓库地面是否整洁、无缝隙、易清洁
3904	中药材存放是否与墙壁、地面保持足够距离，是否有虫蛀、霉变、腐烂、泛油等现象发生，并定期检查。
3905	应用传统贮藏方法的同时，是否注意选用现代贮藏保管新技术、新设备
*4001	生产企业是否设有质量管理部门，负责中药材生产全过程的监督管理和质量监控
4002	是否配备与中药材生产规模、品种检验要求相适应的人员
4003	是否配备与中药材生产规模、品种检验要求相适应的场所、仪器和设备
4101	质量管理部门是否履行环境监测、卫生管理的职责
4102	质量管理部门是否履行对生产资料、包装材料及中药材的检验，并出具检验报告书
4103	质量管理部门是否履行制订培训计划并监督实施的职责

（续）

条款	检查内容
4104	质量管理部门是否履行制订和管理质量文件，并对生产、包装、检验、留样等各种原始记录进行管理的职责
*4201	中药材包装前，质量检验部门是否对每批中药材，按国家标准或经审核批准的中药材标准进行检验
4202	检验项目至少包括中药材性状与鉴别、杂质、水分、灰分与酸不溶性灰分、浸出物、指标性成分或有效成分含量
*4203	中药材农药残留量、微生物限度、重金属含量等是否符合国家标准和有关规定。
4204	是否制订有采样标准操作规程
4205	是否设立留样观察室，并按规定进行留样
4301	检验报告是否由检验人员、质量检验部门负责人签章并存档
*4401	不合格的中药材是否出场和销售
4501	生产企业的技术负责人是否有相关专业的大专以上学历，并有中药材实践经验
4601	质量管理部门负责人是否有相关专业大专以上学历，并有中药材质量管理经验
4701	从事中药材生产的人员是否具有基本的中药学、农学、林学或畜牧学常识，并经生产技术、安全及卫生学知识培训
4702	从事田间工作的人员是否熟悉栽培技术，特别是农药的施用及防护技术
4801	从事加工、包装、检验、仓储管理人员是否定期进行健康检查，至少每年一次。患有传染病、皮肤病或外伤性疾病等的人员是否从事直接接触中药材的工作
4802	是否配备专人负责环境卫生及个人卫生检查
4901	对从事中药材生产的有关人员是否定期培训与考核
5001	中药材产地是否设有厕所或盥洗室，排出物是否对环境及产品造成污染
5101	生产和检验用的仪器、仪表、量具、衡器等其适用范围和精密度是否符合生产和检验的要求
5102	检验用的仪器、仪表、量具、衡器等是否有明显的状态标志，并定期检查
5201	是否有生产管理、质量管理等标准操作规程，是否完整合理。各部门、各岗位人员是否有自己应该具有的管理制度和操作规程
5301	每种中药材的生产全过程均是否详细记录，必要时可附照片或图像
5302	记录是否包括种子、菌种和繁殖材料的来源
5303	记录是否包括药用植物的播种时间、量及面积；育苗、移栽以及肥料的种类、施用时间、施用量、施用方法；农药（包括杀虫剂、杀菌剂及除莠剂）的种类、施用量、施用时间和方法等

（续）

条款	检查内容
5304	记录是否包括药用动物养殖日志、周转计划、选配种记录、产仔或产卵记录、病例病志、死亡报告书、死亡登记表、检免疫统计表、饲料配合表、饲料消耗记录、谱系登记表、后裔鉴定表等
5305	记录是否包括药用部分的采收时间、采收量、鲜重和加工、干燥、干燥减重、运输、贮藏等
5306	记录是否包括气象资料及小气候等
5307	记录是否包括中药材的质量评价（中药材性状及各项检测）
5401	所有原始记录、生产计划及执行情况、合同及协议书等是否存档，至少保存至采收或初加工后5年
5402	档案资料是否有专人保管

备注：“*”项目为关键项目，其他项目为一般项目。

附录三　中华人民共和国农业部公告第 199 号（关于中药材上禁止和限制使用的农药种类）

为从源头上解决农产品尤其是蔬菜、水果、茶叶的农药残留超标问题，农业部在对甲胺磷等 5 种高毒有机磷农药加强登记管理的基础上，又停止受理一批高毒、剧毒农药的登记申请，撤销一批高毒农药在一些作物上的登记。现公布国家明令禁止使用的农药和不得在蔬菜、果树、茶叶、中草药材上使用的高毒农药品种清单。

1　国家明令禁止使用的农药

六六六（HCH）、滴滴涕（DDT）、毒杀芬（camphechlor）、二溴氯丙烷（dibromochloropane）、杀虫脒（chlordimeform）、二溴乙烷（EDB）、除草醚（nitrofen）、艾氏剂（aldrin）、狄氏剂（dieldrin）、汞制剂（Mercury compounds 汞化合物）、砷（arsena arsenic）、铅（acetate 醋酸铅 Plumbum）类、敌枯双、氟乙酰胺（fluoroacetamide）、甘氟（gliftor）、毒鼠强（tetramine）、氟乙酸钠（sodium fluoroacetate）、毒鼠硅（silatrane）。

2　在蔬菜、果树、茶叶、中草药材上不得使用和限制使用的农药

甲胺磷（methamidophos）、甲基对硫磷（ parathion - methyl）、对硫磷（parathion）、久效磷（monocrotophos）、磷胺（phosphamidon）、甲拌磷（phorate）、甲基异柳磷（isofenphos - methyl）、特丁硫磷（terbufos）、甲基硫环磷（phosfolan - methyl）、治螟磷（sulfotep），内吸磷（demeton）、克百威（carbofuran）、涕灭威（aldicarb）、灭线磷（ethoprophos）、硫环磷（phosfolan）、蝇毒磷（coumaphos）、地虫硫磷（Fonofos）、氯唑磷（isazofos）、苯线磷（fenamiphos）19 种高毒农药不得用于蔬菜、果树、茶叶、中草药材上。三氯杀螨醇（Dicofol）、氰戊菊酯（fenvalerate）不得用于茶树上。任何农药产品都不得超出农药登记批准的使用范围使用。

各级农业部门要加大对高毒农药的监管力度，按照《农药管理条例》的有关规定，对违法生产、经营国家明令禁止使用的农药的行为，以及违法在果

树、蔬菜、茶叶、中草药材上使用不得使用或限用农药的行为，予以严厉打击。各地要做好宣传教育工作，引导农药生产者、经营者和使用者生产、推广和使用安全、高效、经济的农药，促进农药品种结构调整步伐，促进无公害农产品生产发展。

附录四　绿色食品　农药使用准则 NY/T393—2013

1　范围

本标准规定了绿色食品生产和仓储中有害生物防治原则、农药选用、农药使用规范和绿色食品农药残留要求。

本标准适用于绿色食品的生产和仓储。

2　引用标准

下列文件对于本文件的应用是必不可少的。凡是注日期的引用文件，仅注日期的版本适用于本文件。凡是不注日期的引用文件，其最新版本（包括所有的修改单）适用于本文件。

GB 2763　食品安全国家标准，食品中农药最大残留量

GB/T 8321　（所有部分）农药合理使用准则

GB 12473　农药贮运、销售和使用的防毒规程

NY/T 391　绿色食品 产地环境质量

NY/T 1667　（所有部分）农药登记管理术语

3　术语和定义

NY/T 1667 界定的以及下列术语和定义适用于本文件。

3.1　AA 级绿色食品　AA grade green food

产地环境质量符合 NY/T391 的要求，遵循绿色食品生产标准生产，生产过程中遵循自然规律和生态学原理，协调种植业和养殖业的平衡，不使用化学合成的肥料、农药、兽药、渔药、添加剂等物质，产品质量符合绿色食品产品标准，经专门机构许可使用绿色食品标志的产品。

3.2　A 级绿色食品　A grade green food

产地环境质量符合 NY/T391 的要求，遵循绿色食品生产标准生产，生产过程中遵循自然规律和生态学原理，协调种植业和养殖业的平衡，限量使用限定的化学合成生产资料，产品质量符合绿色食品产品标准，经专门机构许可使用绿色食品标志的产品。

4　有害生物防治原则

4.1　以保持和优化农业生态系统为基础，建立有利于各类天敌繁衍和不利于病虫草害的环境条件，提高生物多样性，维持农业生态系统的平衡。

4.2　优先采用农业措施，如抗病虫品种、种子种苗检疫、培育壮苗、加强栽培管理、中耕除草、耕翻晒垡、清洁田园、轮作倒茬、间作套种等。

4.3　尽量利用物理和生物措施。如用灯光、色彩诱杀害虫，机械捕捉害虫，释放害虫天敌，机械或人工除草等。

4.4　必要时，合理使用低风险农药。如没有足够有效的农业、物理和生物措施，在确保人员、产品和环境安全的前提下按照第5、6章的规定，配合使用低风险的农药。

5　农药选用

5.1　所选用的农药应符合相关的法律法规，并获得国家农药登记许可。

5.2　应选择对主要防治对象有效的低风险农药品种，提倡兼治和不同作用机理农药交替使用。

5.3　农药剂型宜选用悬浮剂、微胶囊剂、水剂、水乳剂、微乳剂、颗粒剂、水分散粒剂和可溶性粒剂等环境友好型剂型。

5.4　AA级绿色食品生产应按照A.1的规定选用农药及其他植物保护产品。

5.5　A级绿色食品生产应按照附录A的规定，优先从表A.1中选用农药，在表A.1所列农药不能满足有害生物防治需要时，还可适量使用A.2所列农药。

6　农药使用规范

6.1　应在主要防治对象的防治适期，根据有害生物的发生特点和农药特性，选择适当的施药方式，但不宜用喷粉等风险较大的施药方式。

6.2　应按照农药产品标签或GB/T 8321和GB 12475的规定使用农药，控制施药剂量（或浓度）、施药次数和安全隔离期。

7　绿色食品农药残留要求

7.1　绿色食品生产中允许使用的农药，其残留量应不低于GB 2763的要求。

7.2　在环境中长期残留的国家明令禁用农药，其再残留量应符合GB 2763的要求。

7.3　其他农药的残留量不应超过0.01毫克/千克，并应符合GB 2763的要求。

附录 A
（规范性附录）
绿色食品生产允许使用的农药和其他植保产品清单

A.1　AA 级和 A 级绿色食品生产均允许使用的农药和其他植保产品清单

见表 A.1

表 A.1　AA 级和 A 级绿色食品生产均允许使用的农药和其他植保产品清单

类别	组分名称	备注
Ⅰ.植物和动物来源	楝素（苦楝、印楝等提取物，如印楝素等）	杀虫
	天然除虫菊素（除虫菊科植物提取液）	杀虫
	苦参碱及氯化苦参碱（苦参等提取物）	杀虫、杀菌
	蛇床子素（蛇床子提取物）	杀菌
	小檗碱（黄连、黄柏等提取物）	杀菌
	大黄素甲醚（大黄、虎杖等提取物）	杀菌
	乙蒜素（大蒜提取物）	杀虫
	苦皮藤素（苦皮藤提取物）	杀虫
	藜芦碱（百合科藜芦属和喷嚏草属植物提取物）	杀虫
	桉油精（桉树叶提取物）	杀虫
	植物油（如薄荷油、松树油、香菜油、八角茴香油）	杀虫、杀螨杀真菌抑制发芽
	寡聚糖（甲壳素）	杀菌、植物生长调节
	天然诱集和杀线虫剂（如万寿菊、孔雀草、芥子油）	刹线虫
	天然酸（如食醋、木醋和竹醋等）	杀菌
	菇类蛋白多糖（菇类提取物）	杀菌
	水解蛋白质	引诱
	蜂蜡	保护嫁接和修剪伤口
	明胶	杀虫
	具有驱避作用的植物提取物（大蒜、薄荷、辣椒、花椒、薰衣草、柴胡、艾草的提取物）	驱避
	害虫天敌（如寄生蜂、瓢虫、草蛉等）	控制虫害

（续）

类别	组分名称	备注
Ⅱ. 微生物来源	真菌及真菌提取物（白僵菌、轮枝菌、木腐菌、耳霉菌、淡紫拟青菌、金龟子绿僵菌、寡雄腐霉菌等）	杀虫、杀菌、杀线虫
	细菌及细菌提取物（苏云金芽孢杆菌、枯草芽孢杆菌、蜡质芽孢杆菌、地衣芽孢杆菌、多黏类芽孢杆菌、荧光假单胞杆菌、短稳杆菌等）	杀虫、杀菌
	病毒及病毒提取物（核型多角体病毒、质型多角体病毒、颗粒体病毒等）	杀虫
	多杀霉素、乙基多杀霉素	杀虫
	春雷霉素、多抗霉素、井冈霉素、（硫酸）链霉素、嘧啶核苷类抗菌素、宁南霉素、申嗪霉素和中申菌素	杀菌
	S—诱抗素	植物生长调节
Ⅲ. 生物化学产物	氨基寡糖素、低聚糖素、香菇多糖	防病
	几丁聚糖	防病、植物生长调节
	卞氨基嘌呤、超敏蛋白、赤霉酸、羟烯腺嘌呤、三十烷醇、乙烯利、吲哚丁酸、吲哚乙酸、芸薹素内酯	植物生长调节
Ⅳ. 矿物来源	石硫合剂	杀虫、杀菌、杀螨
	铜盐（如波尔多液、氢氧化铜等）	杀菌、每年铜使用量不能超过 $6kg/hm^2$
	氢氧化钙（石灰水）	杀菌、杀虫
	硫磺	杀菌、杀螨、驱避
	高锰酸钾	杀菌、仅用于果树
	碳酸氢钾	杀菌
	矿物油	杀虫、杀螨、杀菌
	氯化钙	仅用于治疗缺钙症
	硅藻土	杀虫
	黏土（如斑脱土、珍珠岩、蛭石、沸石等）	杀虫
	硅酸盐（硅酸钠、石英）	驱避
	硫酸铁（3 价铁离子）	杀软体动物

（续）

类别	组分名称	备注
V. 其他	氢氧化钙	杀菌
	二氧化碳	杀虫，用于贮存设施
	过氧化物类和含氯类消毒剂（如过氧乙酸、二氧化氯、二氯乙氰尿酸钠、三氯乙氰尿酸等）	杀菌，用于土壤和培养基质消毒
	乙醇	杀菌
	海盐和盐水	杀菌，仅用于种子（如稻谷）处理
	软皂（钾肥皂）	杀虫
	乙烯	催熟等
	石英砂	杀菌、杀螨、驱避
	昆虫性外激素	引诱，仅用于诱捕器和散发皿内
	磷酸二氢铵	引诱，只限于诱捕器中使用
注 1：该清单每年都可能根据新的评估结果发布修改单。		
注 2：国家新禁用的农药自动从该清单中删除。		

A. 2　A 级绿色食品生产允许使用的其他农药清单

当表 A. 1 所列农药和其他植保产品不能满足有害生物防治需要时，A 级绿色食品生产还可按照农药产品标签或 GB/T8321 的规定使用下列农药：

a）杀虫剂

1）S-氰戊菊酯 esfenvalerate
2）吡丙醚　pyriproxifen
3）吡虫啉　imidacloprid
4）吡蚜酮　pymetrozine
5）丙溴磷　profenofos
6）除虫脲　diflubenzuron
7）啶虫脒　acetamiprid
8）毒死蜱　chlorpyrifos
9）氟虫脲　flufenoxuron
15）抗蚜威　pirimicarb
16）联苯菊酯　bifenthrin
17）螺虫乙酯　spirotetramat
18）氯虫苯甲酰胺　chlorantraniliprole
19）氯氟氰菊酯　cyhalothrin
20）氯菊酯　permethrin
21）氯氰菊酯　cypermethrin
22）灭蝇胺　cyromazine
23）灭幼脲　chlorbenzuron

10）氟啶虫酰胺　flonicamid
11）氟铃脲　hexaflumuron
12）高效氯氰菊酯　beta-cypermethrin
13）甲氨基阿维菌素苯甲酸盐　emamectin benzoate
14）甲氰菊酯　fenpropathrin
24）噻虫啉　thiacloprid
25）噻虫嗪　thiamethoxam
26）噻嗪酮　buprofezin
27）辛硫磷　phoxim
28）茚虫威　indoxacard

b）杀螨剂

1）苯丁锡　fenbutatin oxide
2）喹螨醚　fenazaquin
3）联苯肼酯　bifenazate
4）螺螨酯　spirodiclofen
5）噻螨酮　hexythiazox
6）四螨嗪　clofentezine
7）乙螨唑　etoxazole
8）唑螨酯　fenpyroximate

c）杀软体动物剂

1）四聚乙醛　metaldehyde

d）杀菌剂

1）吡唑醚菌酯　pyraclostrobin
2）丙环唑　propiconazol
3）代森联　metriam
4）代森锰锌　mancozeb
5）代森锌　zineb
6）啶酰菌胺　boscalid
7）啶氧菌酯　picoxystrobin
8）多菌灵　carbendazim
9）噁霉灵　hymexazol
10）噁霜灵　oxadixyl
11）粉唑醇　flutriafol
12）氟吡菌胺　fluopicolide
13）氟啶胺　fluazinam
14）氟环唑　epoxiconazole
15）氟菌唑　triflumizole
16）腐霉利　procymidone
17）咯菌腈　fludioxonil
21）腈苯唑　fenbuconazole
22）腈菌唑　myclobutanil
23）精甲霜灵　metalaxyl-M
24）克菌丹　captan
25）醚菌酯　kresoxim-methyl
26）嘧菌酯　azoxystrobin
27）嘧霉胺　pyrimethanil
28）氰霜唑　cyazofamid
29）噻菌灵　thiabendazole
30）三乙膦酸铝　fosetyl-aluminium
31）三唑醇　triadimenol
32）三唑酮　triadimefon
33）双炔酰菌胺　mandipropamid
34）霜霉威　propamocarb
35）霜脲氰　cymoxanil
36）萎锈灵　carboxin
37）戊唑醇　tebuconazole

18）甲基立枯磷　tolclofos－methyl

19）甲基硫菌灵　thiophanate－methyl

20）甲霜灵　metalaxyl

38）烯酰吗啉　dimethomorph

39）异菌脲　iprodione

40）抑霉唑　imazalil

e）熏蒸剂

1）棉隆　dazomet

2）威百亩　metam－sodium

f）除草剂

1）2甲4氯 MCPA

2）氨氯吡啶酸　picloram

3）丙炔氟草胺　flumioxazin

4）草铵膦　glufosinate－ammonium

5）草甘膦　glyphosate

6）敌草隆　diuron

7）噁草酮　oxadiazon

8）二甲戊灵　pendimethalin

9）二氯吡啶酸　clopyralid

10）二氯喹啉酸　quinclorac

11）氟唑磺隆　flucarbazone－sodium

12）禾草丹　thiobencarb

13）禾草敌　molinate

14）禾草灵　diclofop－methyl

15）环嗪酮　hexazinone

16）磺草酮　sulcotrione

17）甲草胺　alachlor

18）精吡氟禾草灵　fluazifop－P

19）精喹禾灵　quizalofop－P

20）绿麦隆　chlortoluron

21）氯氟吡氧乙酸（异辛酸）fluroxypyr

22）氯氟吡氧乙酸异辛酯 fluroxypyr－mepthyl

23）麦草畏　dicamba

24）咪唑喹啉酸　imazaquin

25）灭草松　bentazone

26）氰氟草酯　cyhalofop butyl

27）炔草酯　clodinafop－propargyl

28）乳氟禾草灵　lactofen

29）噻吩磺隆　thifensulfuron－methyl

30）双氟磺草胺　florasulam

31）甜菜安　desmedipham

32）甜菜宁　phenmedipham

33）西玛津　simazine

34）烯草酮　clethodim

35）烯禾啶　sethoxydim

36）硝磺草酮　mesotrione

37）野麦畏　tri－allate

38）乙草胺　acetochlor

39）乙氧氟草醚　oxyfluorfen

40）异丙甲草胺　metolachlor

41）异丙隆　isoproturon

42）莠灭净　ametryn

43）唑草酮　carfentrazone－ethyl

44）仲丁灵　butralin

g）植物生长调节剂

1）2，4-滴 2，4-D（只允许作为植物生长调节剂使用）

2）矮壮素　chlormequat

3）多效唑　paclobutrazol

4）氯吡脲　forchlorfenuron

5）萘乙酸　1-naphthal acetic acid

6）噻苯隆　thidiazuron

7）烯效唑　uniconazole

注 1：该清单每年都可能根据新的评估结果发布修改单。

注 2：国家新禁用的农药自动从该清单中删除。

附录五　绿色食品　肥料使用准则 NY/T394—2013

1　范围

本标准规定了绿色食品生产中肥料使用原则、肥料种类及使用规定。

本标准适用于绿色食品的生产。

2　规范性引用文件

下列文件对于本文件的应用是必不可少的。凡是注日期的引用文件，仅注日期的版本适用于本文件。凡是不注日期的引用文件，其最新版本（包括所有的修改单）适用于本文件。

GB 20287　农用微生物菌剂

NY/T 391　绿色食品 产地环境质量

NY 525　有机肥料

NY/T 798　复合微生物肥料

NY 884　生物有机肥

3　术语和定义

下列术语和定义适用于本文件。

3.1　AA 级绿色食品（AA grade green food）

产地环境质量符合 NY/T391 的要求，遵循绿色食品生产标准生产，生产过程中遵循自然规律和生态学原理，协调种植业和养殖业的平衡，不使用化学合成的肥料、农药、兽药、渔药、添加剂等物质，产品质量符合绿色食品产品标准，经专门机构许可使用绿色食品标志的产品。

3.2　A 级绿色食品（A grade green food）

产地环境质量符合 NY/T391 的要求，遵循绿色食品生产标准生产，生产过程中遵循自然规律和生态学原理，协调种植业和养殖业的平衡，限量使用限定的化学合成生产资料，产品质量符合绿色食品产品标准，经专门机构许可使用绿色食品标志的产品。

3.3　农家肥料（farmyard mannre）

就地取材，主要有植物和（或）动物残体、排泄物等富含有机物的物料制作而成的肥料。包括秸秆肥、绿肥、厩肥、堆肥、沤肥、沼肥、饼肥等。

3.3.1　秸秆（stalk）

以麦秸、稻草、玉米秸、豆秸、油菜秸等作物秸秆直接还田作为肥料。

3.3.2　绿肥（green manure）

新鲜植物体作为肥料就地翻压还田或异地施用。主要分为豆科绿肥和非豆科绿肥两大类。

3.3.3　厩肥（barnyard manure）

圈养牛、马、羊、猪、鸡、鸭等畜禽的排泄物与秸秆等垫料发酵腐熟而成的肥料。

3.3.4　堆肥（compost）

动植物的残体、排泄物等为主要原料，堆制发酵腐熟而成的肥料。

3.3.5　沤肥（waterlogged compost）

动植物的残体、排泄物等有机物在淹水条件下发酵腐熟而成的肥料。

3.3.6　沼肥（biogas fertilizer）

动植物的残体、排泄物等有机物料经沼气发酵后形成的沼液和沼渣肥料。

3.3.7　饼肥（cake fertilizer）

含油较多的植物种子经压榨去油后的残渣制成的肥料。

3.4　有机肥料（organic fertilizer）

主要来源于植物和（或）动物，经过发酵腐熟的含碳有机物料，其功能是改善土壤肥力、提供植物营养、提高作物品质。

3.5　微生物肥料（microbial fertilizer）

含有特定微生物活体的制品，应用于农业生产，通过其中所含微生物的生命活动，增加植物养分的供应量或促进植物生长，提高产量，改善农产品品质及农业生态环境的肥料。

3.6　有机—无机复混肥料（orgamic-inorganic compound fertilizer）

含有一定量有机肥料的复混肥料。

注：其中复混肥料是指氮、磷、钾三种养分中，至少有两种养分标明量的由化学方法和（或）掺混方法制成的肥料。

3.7　无机肥料（inorganic fertilizer）

主要以无机盐形式存在，能直接为植物提供矿质营养的肥料。

3.8 土壤调理剂（soil amendment）

加入土壤中用于改善土壤的物理、化学和（或）生物性状的物料，功能包括改良土壤、降低土壤盐碱危害、调节土壤酸碱度、改善土壤水分状况、修复土壤污染等。

4 肥料使用原则

4.1 持续发展原则

绿色食品生产中所使用的肥料应对环境无不良影响，有利于保护生态环境，保护或提高土壤肥力及土壤生物活性。

4.2 安全优质原则

绿色食品生产中应使用安全、优质的肥料产品，生产安全、优质的绿色食品。肥料的使用应对作物（营养、味道、品质和植物抗性）不产生不良后果。

4.3 化肥减控原则

在保障植物营养有效供给的基础上减少化肥用量，兼顾元素之间的比例平衡，无机氮素用量不得高于当季作物需求量的一半。

4.4 有机为主原则

绿色食品生产过程中肥料种类的选取应以农家肥料、有机肥料、微生物肥料为主，化学肥料为辅。

5 可使用的肥料种类

5.1 AA级绿色食品生产可使用的肥料种类

可使用3.3、3.4、3.5规定的肥料。

5.2 A级绿色食品生产可使用的肥料种类

除5.1规定的肥料外，还可使用3.6、3.7规定的肥料及3.8土壤调理剂。

6 不应使用的肥料种类

6.1 添加有稀土元素的肥料。

6.2 成分不明确的、含有安全隐患成分的肥料。

6.3 未经发酵腐熟的人畜粪尿。

6.4 生活垃圾、污泥和含有有害物质（如毒气、病原微生物、重金属等）的工业垃圾。

6.5 转基因品种（产品）及其副产品为原料生产的肥料。

6.6　国家法律法规规定不得使用的肥料。

7　使用规定

7.1　AA 级绿色食品生产用肥料使用规定

7.1.1　应选用 5.1 所列肥料种类、不应使用化学合成肥料。

7.1.2　应选用农家肥料，但肥料的重金属限量指标应符合 NY 525 的要求，粪大肠菌群数、蛔虫卵死亡率应符合 NY 884 的要求。宜使用秸秆和绿肥，配合施用具有生物固氮、腐熟秸秆等功效的微生物肥料。

7.1.3　有机肥料应达到 NY 525 技术指标，主要以基肥施入，用量视地力和目标产量而定，可配施农家肥料和微生物肥料。

7.1.4　微生物肥料应符合 GB 20287 或 NY 884 或 NY/T 798 的要求。可与 5.1 所列其他肥料配合施用，用于拌种、基肥或追肥。

7.1.5　无土栽培可使用农家肥料、有机肥料和微生物肥料，掺混在基质中使用。

7.2　A 级绿色食品生产用肥料使用规定

7.2.1　应选用 5.2 所列肥料种类。

7.2.2　农家肥料的使用按 7.1.2 的规定执行。耕作制度允许情况下，宜利用秸秆和绿肥，按照约 25：1 的比例补充化学氮素。厩肥、堆肥、沤肥、沼肥、饼肥等农家肥料应完全腐熟，肥料的重金属限量指标应符合 NY 525 的要求。

7.2.3　有机肥料的使用按 7.1.3 的规定执行。可配施 5.2 所列其他肥料。

7.2.4　微生物肥料的使用按 7.1.4 的规定执行。可配施 5.2 所列其他肥料。

7.2.5　有机—无机复混肥料、无机肥料在绿色食品生产中作为辅助肥料使用，用来补充农家肥料、有机肥料、微生物肥料所含养分的不足。减控化肥用量，其中无机氮素用量按当地同种作物习惯施肥用量减半使用。

7.2.6　根据土壤障碍因素，可选用土壤调理剂改良土壤。

附录六　环境空气质量标准 GB3095—1996

根据《中华人民共和国环境保护法》和《中华人民共和国大气污染防治法》，为改善环境空气质量，防止生态破坏，创造清洁适宜的环境，保护人体健康，特制订本标准。

本标准从 1996 年 10 月 1 日起实施，同时代替 GB3095—1982。

本标准在下列内容和章节有改变：

标准名称；

3.1—3.14（增加了 14 种术语的定义）；

4.1—4.2（调整了分区和分级的有关内容）；

5、（补充和调整了污染物项目、取值时间和浓度限值）；

7、（增加了数据统计的有效性规定）。

本标准由国家环境保护局科技标准司提出。

本标准由国家环境保护局负责解释。

1　主题内容与适用范围

本标准规定了环境空气质量功能区划分、标准分级、污染物项目、取值时间及浓度限值，采样与分析方法及数据统计的有效性规定。

本标准适用于全国范围的环境空气质量评价。

2　引用标准

GB/T 15262	空气质量	二氧化硫的测定——甲醛吸收副玫瑰苯胺分光光度法
GB 8970	空气质量	二氧化硫的测定——四氯汞盐副玫瑰苯胺分光光度法
GB/T 15432	环境空气	总悬浮颗粒物测定——重量法
GB 6921	空气质量	大气飘尘浓度测定方法
GB/T 15436	环境空气	氮氧化物的测定——Saltzman 法
GB/T 15435	环境空气	二氧化氮的测定——Saltzman 法
GB/T 15437	环境空气	臭氧的测定——靛蓝二磺酸钠分光光度法
GB/T 15438	环境空气	臭氧的测定——紫外光度法

（续）

GB 9801	空气质量	一氧化碳的测定——非分散红外法
GB 8971	空气质量	苯并［a］芘的测定——乙酰化滤纸层析荧光分光光度法
GB/T 15439	环境空气	苯并［a］芘的测定——高效液相色谱法
GB/T 15264	空气质量	铅的测定——火焰原子吸收分光光度法
GB/T 15434	环境空气	氟化物的测定——滤膜氟离子选择电极法
GB/T 15433	环境空气	氟化物的测定——石灰滤纸氟离子选择电极法

3　定义

1. 总悬浮颗粒物（Total Suspended Particicular，TSP）：指能悬浮在空气中，空气动力学当量直径≤100 微米的颗粒物。

2. 可吸入颗粒物（Particular matter less than 10 微米，PM10）：指悬浮在空气中，空气动力学当量直径≤10 微米的颗粒物。

3. 氮氧化物（以 NO_2 计）：指空气中主要以一氧化氮和二氧化氮形式存在的氮的氧化物。

4. 铅（Pb）：指存在于总悬浮颗粒物中的铅及其化合物。

5. 苯并（a）芘（B［a］P）：指存在于可吸入颗粒物中的苯并［a］芘。

6. 氟化物（以 F 计）：以气态及颗粒态形式存在的无机氟化物。

7. 年平均：指任何一年的日平均浓度的算术均值。

8. 季平均：指任何一季的日平均浓度的算术均值。

9. 月平均：指任何一月的日平均浓度的算术均值。

10. 日平均：指任何一日的平均浓度。

11. 一小时平均：指任何一小时的平均浓度。

12. 植物生长季平均：指任何一个植物生长季月平均浓度的算术均值。

13. 环境空气：指人群、植物、动物和建筑物所暴露的室外空气。

14. 标准状态：指温度为 273 开，压力为 101.325 千帕时的状态。

4　环境空气质量功能区的分类和标准分级

4.1　环境空气质量功能区分类

一类区为自然保护区、风景名胜区和其他需要特殊保护的地区。

二类区为城镇规划中确定的居住区、商业交通居民混合区、文化区、一般工业区和农村地区。

三类区为特定工业区。

4.2 环境空气质量标准分级

环境空气质量标准分为三级，一类区执行一级标准，二类区执行二级标准，三类区执行三级标准

5 浓度限值

本标准规定了各项污染物不允许超过的浓度限值，见表 1。

表 1 各项污染物的浓度限值

污染物名称	取值时间	浓度限值			浓度单位
		一级标准	二级标准	三级标准	[毫克/米^3（标准状态）]
二氧化硫（SO_2）	年平均	0.02	0.06	0.10	
	日平均	0.05	0.15	0.25	
	1 小时平均	0.15	0.50	0.70	
总悬浮颗粒物（TSP）	年平均	0.08	0.20	0.30	
	日平均	0.12	0.30	0.30	
可吸入颗粒物（PM_{10}）	年平均	0.04	0.10	0.15	
	日平均	0.05	0.15	0.25	
氮氧化物（NO_x）	年平均	0.05	0.05	0.10	
	日平均	0.10	0.10	0.15	
	1 小时平均	0.15	0.15	0.30	
二氧化氮（NO_2）	年平均	0.04	0.04	0.08	
	日平均	0.08	0.08	0.12	
	1 小时平均	0.12	0.12	0.24	
一氧化碳（CO）	日平均	4.00	4.00	6.00	
	1 小时平均	10.00	10.00	20.00	
臭氧（O_3）	1 小时平均	0.12	0.16	0.20	
铅（Pb）	季平均		1.50		微克/米^3（标准状态）
	年平均		1.00		
苯并 [a] 芘（B [a] P）	日平均		0.01		

（续）

污染物名称	取值时间	浓度限值			浓度单位
		一级标准	二级标准	三级标准	[毫克/米^3（标准状态）]
氟化物（F）	日平均		7①		微克/（分米^2·日）
	1小时平均		20①		
	月平均	1.8②	3.0③		
	植物生长季平均	1.2②	2.0③		

注：①适用于城市地区；②适用于牧业区和以牧业为主的半农半牧区，蚕桑区；③适用于农业和林业区

6 监测

6.1 采样

环境空气监测中的采样点、采样环境、采样高度及采样频率的要求，按《环境监测技术规范》（大气部分）执行。

6.2 分析方法

各项污染物分析方法，见表2。

表2 各项污染物分析方法

污染物名称	分析方法	来源
二氧化硫	甲醛吸收副玫瑰苯胺分光光度法 四氯汞盐副玫瑰苯胺分光光度法 紫外荧光法①	GB/T 15262—94， GB 8970—88
总悬浮颗粒物	重量法	GB/T 15432—95
可吸入颗粒物	重量法	GB 6921—86
氮氧化物（以NO_2计）	Saltzman法 化学发光法②	GB/T 15436—95
二氧化氮	Saltzman法 化学发光法②	GB/T 15435—95
臭氧	靛蓝二磺酸钠分光光度法 紫外光度法 化学发光法③	GB/T 15437—95， GB/T 15438—95

（续）

污染物名称	分析方法	来源
一氧化碳	非分散红外法	GB 9801—88
苯并［a］芘	乙酰化滤纸层析——荧光分光光度法 高效液相色谱法	GB 9871—88， GB/T15439—95
铅	火焰原子吸收分光光度法	GB/T 15264—94
氟化物（以F计）	滤膜氟离子选择电极法④ 石灰滤纸氟离子选择电极法⑤	GB/T 15434—95， GB/T 15433—95

注：①②③分别暂用国际标准ISO/CD10498、ISO7996，ISO10313，待国家标准发布后，执行国家标准；④用于日平均和1小时平均标准；⑤用于月平均和植物生长季平均标准。

7 数据统计的有效性规定

各项污染物数据统计的有效性规定，见表3。

表3 各项污染物数据统计的有效性规定

SO_2，NOx，NO_2	年平均	每年至少有分布均匀的144个日均值，每月至少有分布均匀的12个日均值
TSP，PM_{10}，pb	年平均	每年至少有分布均匀的60个日均值，每月至少有分布均匀的5个日均值
SO_2，NOx，NO_2，CO	日平均	每日至少有18小时的采样时间
TSP，PM_{10}，B（a）P，pb	日平均	每日至少有12小时的采样时间
SO_2，NOx，NO_2，CO，O_3	1小时平均	每小时至少有45分钟的采样时间
pb	季平均	每季至少有分布均匀的15个日均值，每月至少有分布均匀的5个日均值
F	月平均	每月至少采样15日以上
	植物生长季平均	每一个生长季至少有70%个月平均值
	日平均	每日至少有12小时的采样时间
	1小时平均	每小时至少有45分钟的采样时间

8 标准的实施

8.1 本标准由各级环境保护行政主管部门负责监督实施。

8.2　本标准规定了小时、日、月、季和年平均浓度的限值，在标准实施中各级环境保护行政主管部门应根据不同目的监督其实施。

8.3　环境空气质量功能区由地级市以（含地级市）环境保护行政主管部门划分，取同级人民政府批准实施。

附录七　中华人民共和国土壤环境质量国家标准 GB 15618—1995

土壤环境质量标准（Environmental quality standard for soils）

为贯彻《中华人民共和国环境保护法》，防止土壤污染，保护生态环境，保障农林生产，维护人体健康，制定本标准。

1　主题内容与适用范围

1.1　主题内容

本标准按土壤应用功能、保护目标和土壤主要性质，规定了土壤中污染物的最高允许浓度指标值及相应的监测方法。

1.2　适用范围

本标准适用于农田、蔬菜地、茶园、果园、牧场、林地、自然保护区等地的土壤。

2　术语

2.1　土壤

指地球陆地表面能够生长绿色植物的疏松层。

2.2　土壤阳离子交换量

指带负电荷的土壤胶体，借静电引力而对溶液中的阳离子所吸附的数量，以每千克干土所含全部代换性阳离子的厘摩尔（按一价离子计）数表示。

3　土壤环境质量分类和标准分级

3.1　土壤环境质量分类

根据土壤应用功能和保护目标，划分为三类：

Ⅰ类　主要适用于国家规定的自然保护区（原有背景重金属含量高的除外）、集中式生活饮用水源地、茶园、牧场和其他保护地区的土壤，土壤质量基本上保持自然背景水平。

Ⅱ类　主要适用于一般农田、蔬菜地、茶园、果园、牧场等土壤，土壤质量基本上对植物和环境不造成危害和污染。

Ⅲ类　主要适用于林地土壤及污染物容量较大的高背景值土壤和矿产附近等

地的农田土壤（蔬菜地除外）。土壤质量基本上对植物和环境不造成危害和污染。

3.2　标准分级

一级标准　为保护区域自然生态，维持自然背景的土壤环境质量的限制值。

二级标准　为保障农业生产，维护人体健康的土壤限制值。

三级标准　为保障农林业生产和植物正常生长的土壤临界值。

3.3　各类土壤环境质量执行标准的级别规定如下

Ⅰ类　土壤环境质量执行一级标准；

Ⅱ类　土壤环境质量执行二级标准；

Ⅲ类　土壤环境质量执行三级标准。

4　标准值

本标准规定的三级标准值，见表1。

表1　土壤环境质量标准值

		一级	二级			三级
		自然背景	＜6.5	6.5～7.5	＞7.5	＞6.5
镉≤		0.20	0.30	0.30	0.60	1.0
汞≤		0.15	0.30	0.50	1.0	1.5
砷	水田≤	15	30	25	20	30
	旱田≤	15	40	30	25	40
铜	农田等≤	35	50	100	100	400
	果园≤	—	150	200	200	400
铅≤		35	250	300	350	500
铬	水田≤	90	250	300	350	400
	旱地≤	90	150	200	250	300
锌≤		100	200	250	300	500
镍≤		40	40	50	60	200
六六六≤		0.05	0.05			1.0
滴滴涕≤		0.05	0.05			1.0

注：① 重金属（铬主要是三价）和砷均按元素量计，适用于阳离子交换量＞5厘摩尔（＋）/千克的土壤，若≤5厘摩尔（＋）/千克，其标准值为表内数值的半数。

②六六六为四种异构体总量，滴滴涕为四种衍生物总量。

③水旱轮作地的土城环境质量标准，砷采用水田值，铬采用旱地值。

5 监测

5.1 采样方法

土壤监测方法参照国家环保局的《环境监测分析方法》《土壤元素的近代分析方法》（中国环境监测总站编）的有关章节进行。国家有关方法标准颁布后，按国家标准执行。

5.2 分析方法

按表2执行。

表2 土壤环境质量标准选配分析方法

序号	项目	测定方法	检测范围 毫克/千克	注释	分析方法来源
1	镉	土样经盐酸—硝酸—高氯酸（或盐酸—硝酸—氢氟酸—高氯酸）消解后		土壤总镉	①、②
		（1）萃取—火焰原子吸收法测定	0.025以上		
		（2）石墨炉原子吸收分光光度法测定	0.025以上		
2	汞	土样经硝酸—硫酸—五氧化二钒或硫、硝酸—高锰酸钾消解后，冷原子吸收法测定	0.004以上	土壤总汞	①、②
3	砷	（1）土样经硫酸—硝酸—高氯酸消解后，二乙基二硫代氨基甲酸银分光光度法测定	0.5以上	土壤总砷	①、②
		（2）土样经硝酸—盐酸—高氯酸消解后，硼氢化钾—硝酸银分光光度法测定	0.1以上		②
4	铜	土样经盐酸—硝酸—高氯酸（或盐酸—硝酸—氢氟酸—高氯酸）消解后，火焰原子吸收分光光度法测定	1.0以上	土壤总铜	①、②
5	铅	土样经盐酸—硝酸—氢氟酸—高氯酸消解后		土壤总铅	②
		（1）萃取—火焰原子吸收法测定	0.4以上		
		（2）石墨炉原子吸收分光光度法测定	0.06以上		

（续）

序号	项目	测定方法	检测范围毫克/千克	注释	分析方法来源
6	铬	土样经硫酸—硝酸—氢氟酸消解后		土壤总铬	①
		(1) 高锰酸钾氧化，二苯碳酰二肼光度法测定	1.0 以上		
		(2) 加氯化铵液，火焰原子吸收分光光度法测定	2.5 以上		
7	锌	土样经盐酸—硝酸—高氛酸（或盐酸—硝酸—氢氟酸—高氯酸）消解后，火焰原子吸收分光光度法测定	0.5 以上	土壤总锌	①、②
8	镍	土样经盐酸—硝酸—高氯酸（或盐酸—硝酸—氢氟酸—高氯酸）消解后，火焰原子吸收分光光度法测定	2.5 以上	土壤总镍	②
9	六六六和滴滴涕	丙酮—石油醚提取，浓硫酸净化，用带电子捕获检测器的气相色谱仪测定	0.005 以上		GB/T 14550—93
10	pH	玻璃电极法（土∶水＝1.0∶2.5）	—		②
11	阳离子交换量	乙酸铵法等	—		③

注：分析方法除土壤六六六和滴滴涕有国标外，其他项目待国家方法标准发布后执行，现暂采用下列方法：

①《环境监测分析方法》，1983，城乡建设环境保护部环境保护局；

②《土壤元素的近代分析方法》，1992，中国环境监测总站编，中国环境科学出版社；

③《土壤理化分析》，1978，中国科学院南京土城研究所编，上海科技出版社。

6　标准的实施

6.1　本标准由各级人民政府环境保护行政主管部门负责监督实施，各级人民政府的有关行政主管部门依照有关法律和规定实施。

6.2　各级人民政府环境保护行政主管部门根据土壤应用功能和保护目标会同有关部门划分本辖区土壤环境质量类别，报同级人民政府批准。

附录八　农田灌溉水质标准 GB5084—2005

2005—07—21 发布，2006—11—01 实施

前　言

为贯彻执行《中华人民共和国环境保护法》，防止土壤、地下水和农产品污染，保障人体健康，维护生态平衡，促进经济发展，特制定本标准。本标准的全部技术内容为强制性。

本标准将控制项目分为基本控制项目和选择性控制项目。基本控制项目适用于全国以地表水、地下水和处理后的养殖业废水及以农产品为原料加工的工业废水为水源的农田灌溉用水；选择性控制项目由县级以上人民政府环境保护和农业行政主管部门，根据本地区农业水源水质特点和环境、农产品管理的需要进行选择控制，所选择的控制项将作为基本控制项目的补充指标。

本标准控制项目共计 27 项，其中农田灌溉用水水质基本控制项目 16 项，选择性控制项目 11 项。

本标准与 GB 5084—1992 相比，删除了凯氏氮、总磷两项指标。修订了五日生化需氧量、化学需氧量、悬浮物、氯化物、总镉、总铅、总铜、粪大肠菌群数和蛔虫卵数 9 项指标。

本标准由中华人民共和国农业部提出。

本标准由中华人民共和国农业部归口并解释。

本标准由农业部环境保护科研监测所负责起草。

本标准主要起草人：王德荣、张泽、徐应明、宁安荣、沈跃。

本标准于 1985 年首次发布，1992 年第一次修订，本次为第二次修订。

农田灌溉水质标准

1　范围

本标准规定了农田灌溉水质要求、监测和分析方法。

本标准适用于全国以地表水、地下水和处理后的养殖业废水及以农产品为原料加工的工业废水作为水源的农田灌溉用水。

2　规范性引用文件

下列文件中的条款通过本标准的引用而成为本标准的条款。凡是注日期的引用文件，其随后所有的修改单（不包括勘误的内容）和修订版均不适用于本标准。然而，鼓励根据本标准达成协议的各方研究是否可使用这些文件的最新版本。凡是不注日期的引用文件，其最新版本适用于本标准。

GB/T 5750—1985　生活饮用水标准检验法

GB/丁 6920　水质 pH 的测定　玻璃电极法

GB/T 7467　水质　六价铬的测定　二苯碳酰二肼分光光度法

GB/T 7468　水质　总汞的测定　冷原子吸收分光光度法

GB/T 7479　水质　铜、锌、铅、镉的测定　原子吸收分光光度法

GB/T 7484　水质　氟化物的测定　离子选择电极法

GB/T 7485　水质　总砷的测定　二乙基二硫代氨基甲酸银分光光度法

GB/T 7486　水质　氰化物的测定　第一部分　总氰化物的测定

GB/T 7488　水质　五日生化需氧量（BOD5）的测定　稀释与接种法

GB/T 7490　水质　挥发酚的测定　蒸馏后 4-氨基安替比林分光光度法

GB/T 7494　水质　阴离子表面活性剂的测定　亚甲蓝分光光度法

GB/T11896　水质　氯化物的测定　硝酸银滴定法

GB/T11901　水质　悬浮物的测定　重量法

GB/T11902　水质　硒的测定　2，3-二氨基萘荧光法

GB/T 11914　水质　化学需氧量的测定　重铬酸盐法

GB/T11934　水源水中乙醛、丙烯醛卫生检验标准方法　气相色谱法

GB/T11937　水源水中苯系物卫生检验标准方法　气相色谱法

GB/T 13195　水质　水温的测定　温度计或颠倒温度计测定法

GB/T16488　水质　石油类和动植物油的测定　红外光度法

GB/T16489　水质　硫化物的测定　亚甲基蓝分光光度法

HJ/T 49　水质　硼的测定　姜黄素分光光度法

HJ/T 50　水质　三氯乙醛的测定　吡唑啉酮分光光度法

HJ/T51　水质　全盐量的测定　重量法

NY/T 396　农用水源环境质量检测技术规范

3 技术内容

3.1 农田灌溉用水水质

应符合表1、表2的规定。

表1 农田灌溉用水水质基本控制项目标准值

序号	项目类别	作物种类		
		水作	旱作	蔬菜
1	五日生化需氧量（毫克/升）≤	60	100	40，15
2	化学需氧量（毫克/升）≤	150	200	100，60
3	悬浮物（毫克/升）≤	80	100	60，15
4	阴离子表面活性剂（毫克/升）≤	5	8	5
5	水温/℃ ≤	25		
6	pH	5.5～8.5		
7	全盐量（毫克/升）≤	1 000（非盐碱土地区）， 2 000（盐碱土地区）		
8	氯化物（毫克/克）≤	350		
9	硫化物（毫克/升）≤	1		
10	总汞（毫克/升）≤	0.001		
11	镉（毫克/升）≤	0.01		
12	总砷（毫克/升）≤	0.05	0.1	0.05
13	铬（六价）（毫克/升）≤	0.1		
14	铅（毫克/升）≤	0.2		
15	粪大肠菌群数（个/100毫升）≤	4 000	4 000	2 000， 1 000
16	蛔虫卵数/（个/升）≤	2		2，1

a 加工、烹调及去皮蔬菜。

b 生食类蔬菜、瓜类和草本水果。

c 具有一定的水利灌排设施，能保证一定的排水和地下水径流条件的地区，或有一定淡水资源能满足冲洗土体中盐分的地区，农田灌溉水质全盐量指标可以适当放宽。

表 2　农田灌溉用水水质选择性控制项目标准值

序号	项目类别	作物种类		
		水作	旱作	蔬菜
1	铜（毫克/升）≤	0.5	1	
2	锌（毫克/升）≤	2		
3	硒（毫克/升）≤	0.02		
4	氟化物（毫克/升）≤	2（一般地区），3（高氟区）		
5	氰化物（毫克/升）≤	0.5		
6	石油类（毫克/升）≤	5	10	1
7	挥发酚（毫克/升）≤	1		
8	苯（毫克/升）≤	2.5		
9	三氯乙醛（毫克/升）≤	1	0.5	0.5
10	丙烯醛（毫克/升）≤	0.5		
11	硼（毫克/升）≤	1（对硼敏感作物），2（对硼耐受性较强的作物），3（对硼耐受性强的作物）		

a 对硼敏感作物，如黄瓜、豆类、马铃薯、笋瓜、韭菜、洋葱、柑橘等。

b 对硼耐受性较强的作物，如小麦、玉米、青椒、小白菜、葱等。

c 对硼耐受性强的作物，如水稻、萝卜、油菜、甘蓝等。

3.2　向农田灌溉渠道排放处理后的养殖业废水及以农产品为原料加工的工业废水，应保证其下游最近灌溉取水点的水质符合本标准。

3.3　当本标准不能满足当地环境保护需要或农业生产需要时，省、自治区、直辖市人民政府可以补充本标准中未规定的项目或制定严于本标准的相关项目，作为地方补充标准，并报国务院环境保护行政主管部门和农业行政主管部门备案。

4　监测与分析方法

4.1　监测

4.1.1　农田灌溉用水水质基本控制项目，监测项目的布点监测频率应符合 NY/T 396 的要求。

4.1.2　农田灌溉用水水质选择性控制项目，由地方主管部门根据当地农业水源的来源和可能的污染物种类选择相应的控制项目，所选择的控制项目监测布点和频率应符合 NY/T 396 的要求。

4.2 分析方法

本标准控制项目分析方法按表 3 执行。

表 3 农田灌溉水质控制项目分析方法

序号	分析项目	测定方法	方法来源
1	生化需氧量（BOD5）	稀释与接种法	GB/T 7488
2	化学需氧量	重铬酸盐法	GB/T 11914
3	悬浮物	重量法	GB/T 11901
4	阴离子表面活性剂	亚甲蓝分光光度法	GB/T 7494
5	水温	温度计或颠倒温度计测定法	GB/T 13195
6	pH	玻璃电极法	GB/T 6920
7	全盐量	重量法	HJ/T51
8	氯化物	硝酸银滴定法	GB/T 11896
9	硫化物	亚甲基蓝分光光度法	GB/T 16489
10	总汞	冷原子吸收分光光度法	GB/T 7468
11	镉	原子吸收分光光度法	GB/T 7475
12	总砷	二乙基二硫代氨基甲酸银分光光度法	GB/T 7485
13	铬（六价）	二苯碳酰二肼分光光度法	GB/T 7467
14	铅	原子吸收分光光度法	GB/T 7475
15	铜	原子吸收分光光度法	GB/T 7475
16	锌	原子吸收分光光度法	GB/T 7475
17	硒	2，3-二氨基萘荧光法	GB/T 11902
18	氟化物	离子选择电极法	GB/T 7484
19	氰化物	硝酸银滴定法	GB/T 7486
20	石油类	红外光度法	GB/T 16488
21	挥发酚	蒸馏后 4-氨基安替比林分光光度法	GB/T 7490
22	苯	气相色谱法	GB/T 11937
23	三氯乙醛	吡唑啉酮分光光度法	HJ/T 50
24	丙烯醛	气相色谱法	GB/T 11934
25	硼	姜黄素分光光度法	HJ/T 49
26	粪大肠菌群数	多管发酵法	GB/T 5750—1985
27	蛔虫卵数	沉淀集卵法	《农业环境监测实用手册》第三章中“水质 污水蛔虫卵的测定 沉淀集卵法”

a 暂采用此方法，待国家方法标准颁布后，执行国家标准

附录九　世界卫生组织（WHO）颁布的药用植物管理规范（GACP）

药用植物种植和采集生产质量管理规范（GACP）指南

世界卫生组织（日内瓦，2003年）

关键词：世界卫生组织；药材；种植与采集；规范化

1　引言

1.1　背景

在过去20年，不论是发达国家还是发展中国家，人们对传统医药、特别是草药的兴趣日益浓厚。全球范围内对草药的需求量迅速增长，并产生了巨大经济效益。根据联合国环境计划署生物多样性公约秘书处的统计，2000年全球草药产品销售额已达600亿美元。随之而来的草药的安全性等质量问题也越来越引起健康管理部门及公众的关注。有报道服用某些草药引起不良反应，其原因可能为：药材品种鉴定错误导致误用药物；在草药中掺入未经申报的其他药物和/或有效物质；使用有毒或有害物质的污染的草药；用药剂量过大；医疗保健人员或消费者不能正确使用药材以及药物间发生相互作用等。显然，原药材质量差是导致成品质量低劣的因素之一。原药材及其成品药的安全性及有效性与内在因素（基因）和外在因素（环境、采集、栽培、采收、加工、运输及存储方法）关系密切。生产过程任一环节，都可能因疏忽而被微生物或化学物质污染，导致药品质量降低。从野外采集来的野生药用植物也可能因药材品种鉴定错误、意外污染或故意掺假而产生不安全的后果。

全球性和区域性范围内对野生药用植物的过度采集，引起人们对濒危物种保护工作的关注。应考虑到种植、采集对生态环境及当地人民生活的影响，应当尊重有关原料（药用植物）的知识产权，同时世界卫生组织已经同联合国其他专门机构和国际组织针对上述问题开展了合作。通过制订和更新该领域的相关技术指南而使这种合作进一步加强。为了解决上述问题，确保高品质的药用植物原料能稳定、廉价和持续地供给，应当制订相关的安全及质量保证措施。近年来，农产品种植质量管理规范（GAP）已被认为是控制食品质量与安全的最重要方法。许多成员国制定了农产品生产质量管理规范。但是药用植物作为草药的原料，对其栽培和采收进行质量控制比食品生产更有必要，因此，中国、欧美、日本都已出台了药用植物种植生产质量管理规范（GAP）指南，由于这些指南都是基于各国或各地区的具体情况，所以并不完全适用于全球各地情况。

2001年7月20～21日在加拿大渥太华举行的有关草药成品质量控制方法学的非正式会议上，与会者审议了从原料药到成药的整个生产过程操作规程。建议世界卫生组织应优先制定一套适用于全球的、旨在提高植物药质量及安全性的指南，并将药用植物种植和采集的生产质量管理规范以法规的形式规定下来。与会者希望，该指南能有助于在草药生产的最初阶段确保其安全性和质量。

1.2 目标

在质量保证的范畴内，《药材种植与采集的生产质量管理规范指南》旨在提供一个总的技术指南，以期能获得质量可靠的、能够持续供给的草药产品。这些指南适用于药用植物的栽培和采收过程，包括采收后加工过程。植物药的原料应当符合该国和/或该地区的质量标准。因此在制定和实施相关指南时应根据各国的实际情况加以调整。

指南所要达到的主要目标为：

（1）确保药用植物原材料的质量，提高草药成品的质量、安全性及有效性；

（2）指导各国和各地区药用植物种植和采集生产质量管理规范的制订，药用植物种植和采集的生产质量管理规范专门记录和相关标准操作规程的制订；

（3）鼓励和支持高质量药用植物的可持续栽培与采收，尊重和支持对药用植物和总体环境的保护。

本指南应与现存关于草药质量保证文件及药用植物保护方面的出版物结合起来加以理解，举例如下：

——药品的生产质量管理规范：基本原则

——生产质量管理规范：草药产品生产的补充指南

——药用植物质量控制措施药物的储存质量管理规范指南

——原药材的贸易及分销质量管理规范（GT—DP）

——传统药物研究与评估的方法学指南

——草药评价指南

——WHO药用植物专题文献

——WHO/ IU CN/WWF药用植物保护指南

以上这些指南可在联合国粮农组织/世界卫生组织食品标准法典联合委员会制订的有关法规法典中找到。作为药用植物，应当符合国家或地区食品法规的基本规定，例如《食品法典》中可适用于药用植物的文本有：

——《食品法典》规范：食品卫生总则

——《食品法典》中有关有机食品生产、加工、标签及营销的指南

——《食品法典》中关于香料植物及干品芳香植物的卫生规范

《世界卫生组织药用植物和采集的生产质量管理规范（GACP）指南》并未对有机草药的生产提供充分的指导，所以应参考其他国家、地区和/或国际指南。

1.3 结构

本指南分为5个部分，第一部分为引言，第二、三部分分别讨论了药用植物种植和采集的生产质量管理规范。第四部分着重讨论了药用植物种植与采集生产质量管理规范的常见技术问题，第五部分探讨了其他相关事宜。本指南中使用一些相关术语被列在第一部分。本指南共有五个附录，附录5是药用植物种植的记录样式，附录4中列出了中国、欧洲医药评价署和日本关于特定药用植物的种植生产质量管理规范文件（参见附录1、2和3）。

1.4 词汇表

本部分给出了本指南中所使用的术语的定义。这些术语在WHO各成员国广泛使用，是从WHO相关文件及指南中挑选出来并重新加以修订。术语出处见文后参考文献。本部分的脚注是有关该术语的解释，这些解释是由参加过WHO药用植物种植和现场采集生产质量管理规范咨询会议（2003年7月7～9日，日内瓦）的人员提出的，可供相关文件和指南更新时参考。

1.4.1 草药术语

污染 存储和运输过程中，误将化学/微生物杂质或异物带入原料、中间体、样品、包装中。

交叉污染 在生产过程中，一种产品的原料、中间体或成品与另外一种产品的原料或产品相互污染。

植物药 包括草药、草药原料、草药药剂以及用草药制成的成药。

草药 包括药用植物的根、茎、皮、叶、花、果实、种子以及植物的其他部分。它可以是植物的全草、部位，也可以是粉末。

草药原料 包括草药本身，草药的汁、树胶、混合油、香精油、树脂和药用植物的粉末，还包括与草药一起蒸、烘烤或烘焙的蜜、酒或其他物质等。

草药预制品 草药的预制是制造成品药的基础，包括原药材的粉末，以及

原药材通过提取、分离、纯化得到浸膏，酊剂或膏剂，同时也包括用酒、蜜或其他材料浸泡、加热草药的加工过程。

草药成品药 草药成品药包括用一种或多种草药制成的草药制剂，如果使用多种草药，则可以使用复方制剂产品的名称。在成品药和复方药中，除了活性成分外，还应包括辅料。在一些国家，由于传统原因，草药还包括原药植物中不含有的有机或无机活性成分（如含有动物或矿物活性成分），因此，这些添加了化学成分，包括合成成分或/和从原药植物中提取分离成分的成品药或复方药都属于草药成品药。

药用植物原料 参见草药原料章节。

药用植物 用作药品的野生或栽培的植物。

1.4.2 药用植物栽培、采集术语

以下定义出自联合国粮农组织编撰的词汇表。

土壤流失 是指水或风将土壤从一个地方移到另一个地方的过程，地表遭受侵蚀的表现主要有以下几类：

（1）片状土壤流失与溪流：由于雨水或灌溉，地表的土壤被冲走或者被冲刷成许多小的沟渠。

（2）沟渠：暴雨过后由于浑浊雨水冲刷而造成的沟渠。

（3）季节性河流：由水或季节性雨水冲刷造成的、短期存在的河流，它比小溪更宽、更深、更长，但比沟壑浅、小。

（4）风化：在多风地区或少雨的地区，风将灰尘或冲积物吹走。

害虫综合防治方案（IPM） 将现有的各种控制害虫的技术经过仔细研究后，综合起来组成的管理方案，能够有效抑制害虫的繁殖，并根据对人体健康和环境的危害程度适时调整杀虫剂的使用量或采取其他人为干预因素。IPM强调种植健康的、对农业生态环境破坏最小的农作物，鼓励使用天然的害虫控制技术方法防治害虫。

原始变种 早期从野生植物演变过来的农作物培育品种，在基因方面一般都是异源基因的混合物。

植物基因资源 用于植物繁殖再生的物质。包括①栽培变种，当前正在使用或新培育的变种；②过期变种；③原始变种；④和栽培品种有亲缘关系的野生品种；⑤特殊基因品种（包括优良品种、当前培育品种以及突变种）。

繁育组织 任何能通过无性（包括用小球茎、叶芽）或有性繁殖产生新的植物个体的组织。

标准操作规程（SOP） 编写的经授权的操作规程、规定或方法。

可持续应用　在使用时，应采取合理的使用方法和使用频率，防止未来生物品种多样性的衰减。在满足当前使用的前提下，也要满足后人的使用。

2　药用植物种植生产质量管理规范

本部分主要阐述了药用植物规范化种植总体原则，药用植物栽培技术细则，以及质量控制措施。

2.1　药用植物栽培品种的鉴定

2.1.1　药用植物的选择　用于栽培的药用植物品种应与本国药典规定品种或最终使用国家权威文件建议使用品种相一致，若无相应的文件，应当考虑选择药典或其他国家权威机构颁发的文件所规定的品种或变种。若为新引进的药用植物品种，在培育时应当对其品种或变种进行鉴定，并应有相应的文件证明该品种在原产国是作为传统药材使用的。

2.1.2　植物鉴定　即确认每株药用植物的学名（门、纲、目、科、属、种、亚种/变种）并做出记录，如果有当地通用名称或英文名称也应详细记录。另外，其他信息如变种的名称、生态型、化学型、表现型也应正确记录。用于商业目的的品种，应记录变种的名称以及供应商的名称。如果要对原始变种进行收集、繁殖、推广种植，有关当地的信息应详细记录，包括种子的原产地、原植物的性状以及繁育所需的材料。

2.1.3　标本　如不能确定最初鉴定植物的品种，选用的代用品应当由原产地或本国的权威机构进行鉴定，应将代用品的基因序列和正品加以比较，同时将鉴定的文件附在注册文件中。

2.2　种子和繁育材料

种子和其他繁育材料应有详细的说明，其供应者应提供所有有关品质鉴定、质量、产品性状、培育历史的材料。为了使植物能健康地生长，繁育材料应品质良好、无病虫害和其他物质的污染。进行种植的原材料应能耐受生物和非生物因素。在整个生产过程中，应当特别注意那些稀有品种、具有植物多样性的品种以及变种，杜绝伪品、次品和假冒的繁育材料混入其中。

2.3　栽培

药用植物的栽培需要精心照料和科学管理。应根据原药材所要求的质量确定药用植物的栽培条件和年限。如果没有已发表的或书面的有关栽培方面的科学数据，则遵循传统栽培方法，否则，应通过研究摸索出一套科学的栽培方法。应遵循正常的农事规律，根据药用植物生长规律以及环境的适应特性，选择正确的耕种方法以及合理的轮种方案。在适宜的地方应当采用保护性农业

（CA）技术，特别注意采用那些能够促进有机物形成以及保持土壤水分的技术。保护性农业（CA）技术包括“免耕种植法”，保护性农业的目的是通过综合管理以保护、改善或更有效的使用土壤、水、生物等自然资源或外部投入。保护性农业有利于环境保护、促进农业的生产和可持续发展，因而可称之为资源效益/效率型农业。

2.3.1　栽培地点的选择　品种相同的药用植物栽培地点不同，由于土壤、气候以及其他因素的影响在品质上显示出很大差异。这些差异或表现在外观性状上，或表现在组成成分上。外部环境包括生态环境和地理环境，它们的变化均会影响生物体内化学物质的合成，因此选择地点时应考虑这些因素。环境受到污染将会导致药材的污染，因此应尽量避免使用受有害化学物质污染的土壤、水和空气。应考虑使用过的土地对栽培地的影响，包括前茬作物、作物保护品种对药材栽培的影响等。

2.3.2　对生态环境及社会的影响　药用植物的生长及质量也会受其他植物、动物及人类活动的影响，同时，药用植物的栽培可能会影响生态平衡，特别是会对周围动植物基因多样性产生影响。引进药用植物可能会给当地的生态环境产生不利影响。因此，在种植过程中应当监测栽培药用植物对生态环境所造成的影响。栽培药用植物对当地人们生活所造成的影响也应注意，应确保不给当地群众的生活带来负面影响。根据当地收入情况，优先考虑小规模的种植而不是大规模的种植，特别是在种植的农户能够组织起来共同销售产品的情况下，更应优先考虑小规模的种植。如果已经进行了大规模的种植，则应当考虑使当地居民能直接从中受益，例如给他们提供公平的工资待遇，平等的雇佣机会以及再投资机会。

2.3.3　气候　气候条件，例如，日照时间、降水量（水的供应）以及田间温度都会对药用植物的物理、化学和生物性质产生很大的影响。日照时间、平均降水量、平均温度，昼夜温差同样会对植物的生理、生化活性产生影响，因此应预先了解这方面的知识。

2.3.4　土壤　土壤应含有一定量的营养物质、有机物以及其他微量元素，确保能长出品质最优的药用植物。应根据所选的植物品种以及目标药用部分的要求，选择最理想的土壤条件，包括土壤类型、排水能力、对水分的保持能力、肥度以及土壤 pH 等。为了提高产量，施肥是不可缺少的。通过相应的农业研究，确定出肥料的类型和施肥数量十分必要。在实际生产中，有机肥料和化学肥料可协同使用。

由于可能存在感染性微生物和寄生虫，人类粪便不得用作肥料。使用动物粪便作为肥料时，首先应充分腐熟，使其中的微生物含量达到安全卫生标准，并破坏草种子的萌发力。所有动物肥料使用情况均应有文件记录。应使用那些经过栽培国和消费国都批准认可的化肥。应当根据药用植物的具体情况以及土壤的承受能力慎重施肥。施肥时应使其流失率达到最低。种植者应尽量采取那些能够有利于土壤保护、减少水土流失的方法。例如，可以建立水流缓冲地带，种植覆盖作物以及可以用作绿色肥料（如紫花苜蓿）的作物。

2.3.5　灌溉和排水　可以根据植物在不同生长阶段对水的需求量适时地进行灌溉和排水。用于灌溉的水应当符合当地，该地区或该国的水质标准。栽培期间既不能缺水又不能浇水过量。在选择灌溉方式时，应该考虑到不同灌溉方式（地表灌溉、地下灌溉、空中灌溉）对健康的影响，特别要注意是否会增加虫媒疾病传播的危险。

2.3.6　植物护养与保护　根据药用植物生长发育特性和不同的药用部位，加强田间管理，及时采取打顶、摘蕾、整枝修剪、覆盖遮阴等栽培措施，调控植株生长发育，提高药材产量，保持质量稳定。在使用促进药用植物的生长或对植物进行保护的农用化学品时，应使用其最小量，且应在无其他可替代方法时方可使用。在条件允许的地方，可以使用害虫综合防治方案。应尽量使用经批准的杀虫剂和除草剂，并根据标签或说明书以及适用于栽培者和最终用户所在国的管理要求，使用其最小有效量。经培训合格的人员使用经批准的设备才能使用杀虫剂和除草剂。所有使用情况均应详细记录。使用这些化学物质时，应同药材购买者商议并取得他们的同意，使用时间距离采收期的最小时间间隔应与说明书规定的一致。种植者与生产加工者应当遵守本国以及最终用户所在国关于农药残余量的规定，确保产品中杀虫剂和除草剂的含量不能超过最大限度。杀虫剂使用、农药残留物亦可参考一些国际条约，如《国际植物保护公约》、《食品法典》等。

2.4　采收

药用植物应在其最适宜的时节采收，从而确保草药原料及成品药的质量。何时采收取决于作为药用的部分。有关最佳采收季节信息一般可在药典、已公布的标准、官方专门出版物以及主要的参考书目中查到。众所周知，植物中的活性成分随着植物生长发育的不同阶段而变化。有毒成分的含量也是随之变化的。采收的最佳季节应该由活性成分的质量和数量而定，而不是由药用部分的产量而决定。采收时，应注意不要混入异物、杂草或有毒植物。采收时应尽可能选择最佳条件，避免露水、雨天以及高湿天气。如果不得不在潮湿的环境下采收，采收后应立即将药材运到室内进行干燥，防止由于药材湿度增加导致药材发酵、霉变，进而导致降低药效。

切割装置、收割机以及其他机器应当保持干净整洁，减少土壤和其他物质所带来的污染与破坏。储存场所应保持干燥无污染，无鸟、虫、鼠害，且远离畜禽及其他驯养动物。采收后的药材应尽量避免接触土壤，防止微生物对药材的污染。必要时，应在土壤和药材之间铺上一层优质棉布。如果药用的是地下部分（如根），在采收后，应立即将黏附的土壤清除掉。采收后的药材应尽快在整洁干燥的环境中运送，可放在清洁的篮子里、干燥的麻袋、拖车或其他通风良好的容器中，集中运到加工地点。

采收中使用的容器应保持清洁，并且未受到前次采收药材或其他异物的污染，如果使用塑料容器，应先检查其内部是否潮湿，以免导致药材霉变。不用时，应将这些容器保存在清洁干燥，无鸟、虫、鼠害且远离畜禽及其他驯养动物的场所。应避免对原药材产生机械破坏或挤压，例如麻袋中装得过多或堆积过高，可能会导致药材的腐烂或变质。在采收、采收后检验以及加工过程中，应丢弃腐烂药材，以防止微生物的污染以及产品质量的下降。

2.5 人员

种植者和生产者应当具备足够的关于该药材的知识，包括物种鉴定、特性、栽培环境要求（土壤类型、酸碱度、肥度、种植空间、所需的光照度）、采收方法及储存方式等。

所有从事药材繁殖、栽培、采收、加工的工作人员，包括在田间工作的工人都应注意个人卫生，并应接受卫生责任方面的培训。只有经过培训合格，并穿着防护服（包括工作服、手套、防护帽、防护镜、面罩）的工作人员才能使用农用化学品。应对种植者和生产者进行有关环境保护、物种保护、农业管理方面的指导。更多信息，请参阅 4.7 节。

3 药用植物采集的生产质量管理规范

本部分主要阐述了有关新鲜药材小范围采集和大范围采集的基本策略和方法。所采取的采集方式应以不破坏野生植物生长环境并能维持其持续生长为原则。在管理计划中，应制定一个能保证药材长期采集的方案，以及适用于各种药材和药用部分（根、叶、果实等）的适宜的采集方法。药材的采集常常会引起一些复杂的关于环境和社会的问题，应具体问题具体对待，由于各个地区的不同，本指南未一一罗列。如得到更多信息，可以查阅《WHO/ IUCN/ WWF 药用植物保护指南》一书。该书目前正在修订之中，修订后的指南将会在药用植物保护及可持续使用方面提供更全面的指导。

3.1　采集许可

在一些国家，在采集野生药材前，必须首先获得政府权威机构或土地所有者所颁发的许可证及其他文件。因此在计划书中，应留出充足的时间办理相关手续和许可证。应经常了解有关国家法律法规，例如，国家的红色目录，并遵守有关规定。

用于出口的药材，应提供：出口许可证、植物检疫证、濒危野生动植物物种国际贸易许可证（CIT ES）、进出口许可证、用于再次出口的CIT ES许可证以及其他必需许可证。

3.2　技术规划

在采集药材前，应首先勘察药材在当地的分布状况、数量及分布密度，其次应考察药材加工点与采集点的距离以及药材质量是否合格。这些问题确定后，再办理相关的采集许可证（参见3.1节）。应尽量获取目标品种的信息，包括该种植物的分类、分布、所适宜的气候、基因多样性、繁殖特征以及人类活动对植物的影响等。此外，还应在采集管理计划中考虑到环境情况，包括预期采集的地形学、地质学、土壤、气候和植被等因素。

应进行药材所属种、变种的形态学研究，以便在搜寻药材时有预先印象。尤其是对于那些未经培训的工人，相关书籍、植物志中的照片、图片以及药材标本（俗名或当地名称）将会成为很有用的野外工具。在采集地点，植物图例及其他用于鉴定的工具都非常有用，可以借此发现一些和本属植物相关或不相关的相似的植物形态特征。应提早安排好快捷、安全、可靠的运输工具，确保人员、设备、供应物资以及采集的药材能尽快运出。应建立一支高素质的采集队伍，所有人员应对采集技术、运输方式、机器的操作、药材的处理（包括清洁、干燥、储存）等各个环节充分了解。应定期对人员进行培训。应在文件中明确每个员工应负的责任。另外所有利益相关方，特别是生产厂家、经销商和当地政府，对于品种保护与管理负有不可推卸的责任。应当留意野外采集对当地居民带来的社会影响，并注意监测其对生态环境造成的远期影响。应保障采集区药材生长环境和种群的稳定性。

3.3　采集时药用植物的选择

将要采集的品种或变种应和本国药典或最终用户所在国权威机构推荐的品种一致。如果没有这类文件应当考虑选用其他国家药典或权威文件规定的品种或变种。若系新引进的品种，在采集时，应当进行鉴定，并出具证明文件，证明该药材在其原产国为传统药材。

采集者及生产加工者应提供药用植物的标本以进行真伪鉴定，该标本应保存在良好的环境中，并保存足够长的时间。应记录进行鉴定的植物学家或其他专家的姓名。如果为不常见品种，则应对鉴定的文件作记录并存档。

3.4 采集

采集行为应以不降低野生药材的数量以及不破坏其繁殖地为原则。应该对所采药材的数量、密度进行勘察，若是稀有品种，则就应采集。为确保药材的再生，应统计其数量、结构。在管理规范中，应指明该药材所属的种以及药用部位（根、叶、果实等）并制订出采集标准及方法。保护该种植物，使其不会因为有人收购这种药材而处于危险的境地，这是政府及环境部门义不容辞的责任。

应选择最适宜的季节和时间采集药材，确保使原药材和成品药都达到最好的质量。众所周知，药材中生物活性成分的数量和浓度是随着植物生长发育的不同阶段而变化的。对于植物的毒性成分来说，也是如此。应该根据活性成分的数量与质量，而不是药用部位的产量来决定采集时间。应当采用生态的非破坏性的采集制度。不同的品种有不同的采集方法。例如，当要采集的药材为树或灌木的根部时，不能切断或挖出主要根茎，也应避免劈开其主根。只能探明并采集侧根。当药用部位为树皮时，不能环剥或全剥树皮，而应在树的一侧纵向剥取。不能采集那些种在杀虫剂使用量高或存在其他潜在污染的地方的药材，例如公路边、污水渠旁、矿区、垃圾场以及排放有毒物质的工业设施附近。另外，种在牧场附近（包括流经牧场的河流的两岸）的药材，也不能采集，以避免药材被动物排泄物污染。

在采集过程中，应尽量去掉不需要的部分以及异物，要特别防止有毒杂草的混入。腐烂的药材应及时丢弃。通常，采集好的药材不应和土壤接触，如果药用部位是地下根茎，应立即将黏附在上面的泥土清除掉。采集到的药材应放在干净的篮子、网袋以及其他通风良好的容器或生产用布上，并确保没有异物，包括没有前次采集药材的残渣。

采集完毕后，应对药材进行初步的加工，包括除去异物及污染物，清洗（除去多余的泥土）、分拣和切割。同时远离昆虫、老鼠、鸟类以及其他害虫、畜禽接，如果加工地点距离采集地较远，在运输前应将药材进行晾晒。如果采集的是不同的药用部位、不同品种的药材，应将其分开放置，运输时放置于不同的容器，尽量避免药材间的交叉污染。采集时所用的工具如刀、锯以及其他机械工具，应该保持清洁并存放在特定的地方。直接与药材接触的地方应避免使用过多的润油以及其他可能的污染物。

3.5 人员

负责田间采集工作的当地专家应该接受过有关植物学正规教育和培训，并具有田间工作的实践经验。他们应负责对缺少相关药材采集技术知识的人员进行培训，同时监督他们的工作并做相应记录。从事田间工作的人员，也应具备足够的植物学知识，能鉴别所采集的药材，并知道其俗名及学名（拉丁名）。

当地专家应是外地人与当地人、采集者之间知识交流的纽带。所以从事采集工作的人员应对本品种植物有充分的了解，并应能将该种植与其他形态相似的植物区别开。应定期接受有关环境保护、物种保存以及可持续采集等方面的教育。

采集小组应采取措施保证员工和当地居民在药用植物搜寻和交易过程中安全。应采取措施避免接触有毒物质、导致过敏的植物、有毒动物和携带疾病的昆虫。如有必要，应穿戴防护服（包括手套）。更多信息请参看 4.7 节。

4　药用植物种植和采集的生产质量管理规范技术细则

4.1　采收后的加工

4.1.1　检验与分类　在进行初加工前，对原药材应进行检验与分类：

（1）用目测的方法检查药材是否被其他药材或药用部位交叉污染；

（2）目测是否含有异物；

（3）评估性状，如外观、损坏程度、大小颜色气味以及可能的味道。

4.1.2　初加工　不同药材采用不同的加工方法，但所有的初加工均应符合国家和地区的质量标准和法律法规。对于某些品种需要特殊加工方法时，购买方应同生产方签订具体协议。这些协定亦应符合双方国家的有关规定。所有操作均应遵循标准操作规程（SOP），如需改动，应有足够的数据证明修改后药材的质量并未降低。原药材运送至加工厂时，应立即将药材卸并解开包装。加工前，药材应存放在清洁干燥的场所，应避免雨水淋湿及霉变，除特殊情况不得将药材直接置于阳光下曝晒。

若为鲜用药材，采收后应尽快送到加工地，防止细菌引起的发酵及热降解。原药材可采用冷藏、罐贮、沙藏或其他生物保鲜方法。尽量避免使用防腐剂，如若使用，应按购销双方国家有关规定使用。初加工时，应对原药材进行仔细检查，排除次品或异物。例如，干燥的药材应用过筛，除去褪色、霉变部分以及泥土石子等异物，筛子之类的工具应定期清洁和维护。所有加工好的药材应避免受到污染或腐烂变质，同时要防止昆虫、老鼠、鸟类和其他害虫以及家畜家禽接触药材。

4.1.3　干燥　若使用的药材为干品，应使其水分尽可能低，否则可能导致药材霉变或滋生微生物。各种药材最适宜的水分含量可以参考本国药典或其他权威性专著。药材有多种干燥方式，如露天晾晒（避免阳光直射），置于室内晾晒架上阴干、阳光暴晒、烘箱、暖房、太阳能烘干机烘干，直接用火烤干，焙干，冷冻干燥，微波炉烘干，红外线烤干等。为了不破坏其中活性成分，干燥时应对温度和湿度加以控制，干燥方法和干燥温度会对药材质量产生很大的影响。例如，为了保持叶子和花的颜色，首选阴干的方式，含挥发油成分时，则应选择低温干燥，同时对干燥条件记录。如果采用露天晾晒的方法，则应将药材平铺在晒台上，并经常翻动。为了使空气充分流通，晒台应置于高处，药材应干燥均匀，防止霉变。

不能将药材直接晾在地面上，如果为水泥地面，则应在上面铺上防水布或其他适宜的布料。应避免虫、鼠、鸟、禽畜接触晾晒地。若为室内阴干，应根据药用部位（根、茎、叶、皮、花等）以及所含的挥发性成分选择干燥的时间、温度、湿度以及其他条件。药材直接干燥（指用火进行干燥）所用燃料应选择丁烷、丙烷和天然气，温度应控制在 60℃以下，若选择其他燃料，则应避免使药材接触到燃料及其释放的烟雾。

4.1.4　特定的加工处理　一些药材需要特定的加工处理，提高所选部位的纯度，减少干燥时间，防止霉变，防止微生物的滋生以及昆虫的侵害，去除毒性，提高疗效。一般的加工程序包括预选，根据地下茎去皮、煮、蒸、浸泡、盐渍、熏蒸、烘培、发酵、用石灰处理及切碎等，所涉及将药材加工成特定形状的、捆扎以及特殊干燥方式均会对药材质量产生影响。任何用于药材（包括原药材和加工过的药材）的抗微生物措施包括照射都必须予以声明，并按要求贴上标签。只有经过培训合格的人员并使用批准的器具才能进行此类操作，同时应遵循标准操作规程（SOP）以及种植采收及最终用户所在国双方国家的有关规定。放射物最大残留限值应遵循有关国家和/或地区权威部门的规定。

4.1.5　加工设施　建立质量保证体系时应考虑以下几点，对于不同时的生产步骤及生产地点可做相应调整。加工设施应置于良好的环境中避免刺激性气味、烟尘以及其他污染。场地没有水淹的危险。

机动车车道及场地　有轮机动车使用的车道及场地必须建在车辆可及范围内，且路面必须是坚硬的、铺设好适合车轮滑动的路面，同时有良好的排水设施，并制定出相应的清洁条例。

厂房　必须结构合理，质量良好，并经常进行维护，比较脏的地方，如干燥和粉碎车间，应和洁净区隔开。厂房完工交付使用时，应确保所有建筑材料不能释放有害物质，不能使用未经充分清洁和消毒的建筑材料（如木材），除非确定该种木料不会造成污染。

设计厂房时应注意：①工作区和储存区应足够宽敞，确保各项操作能顺利进行；②从药材进入厂区到成品出厂，都能保证按规定的操作流程、卫生要求进行操作；③能对温度和湿度进行合理的控制；④当有可能造成交叉污染时，应使用挡板或其他隔离措施，特别对那些较脏的地方，如干燥区和粉碎区，要同洁净区隔离开；⑤进入不同区域的通道应有所控制；⑥易于清洁并方便卫生监督；⑦能防止烟、尘等环境污染物进入；⑧能有效防止害虫藏匿，畜禽等动物进入；⑨必要时，应避免阳光直射。

药材处理区　①地板必须防水，防吸附，可擦洗，防滑，无毒，无缝隙，易于清洗和消毒，在允许的地方可设计适当的斜度，利于排水；②墙壁应用防水、防吸附、可擦洗的材料覆盖，密封良好并无虫，通常漆成亮色，操作台的高度应适当，台面光洁无缝，易于清洁和消毒，墙角应用密封良好并易于清洗的材料覆盖；③天花板应防灰尘堆积，防凝结、防霉，并无碎片，易于清洗；④窗户和其他孔洞应防灰尘堆积。开口处应安装防昆虫纱窗，并且方便移动便于清洗修补。室内的窗台不能当物品架放东西，并应具有适当的坡度；⑤门应光滑无吸附性，在有些地方可安装自动门；⑥应建有楼梯、电梯及平台、梯子、滑道等其他辅助性建筑，为防止对药材污染，滑道应安装用于检查和清洗的开口；⑦在设计安装顶部建筑及设施时，应避免所安装的设施造成水汽或其他物质凝结而对药材造成污染。安装防漏设施时，应以不影响清洁操作为前提。顶部设施应隔离，应易于清洁并能有效防止灰尘积聚、水汽凝结、霉变及木屑脱落；⑧生活区、厨房及餐厅、更衣室、卫生间及有动物的地方应与药材处理区隔离。

给水　水的供给应充足，保持水压稳定，温度适宜，配有储水设施及防污染措施。①制冰用的水应选饮用水，为防止污染，应批量生产、处理及贮藏；②直接接触药材的蒸汽或平面应不含危害人类健康或对药材造成污染的物质；③用于蒸汽、冷却、消防以及其他类似用途的非饮用水应使用不同的管道，并用不同的颜色加以区分，不能和饮用水系统连接，防止因倒吸流入饮用水系统中；④清洗或灭菌应使用饮用水。

污水排放及废物处理　所有的设备均应有排水及废物处理系统，并应经常进行维护，使之处于正常工作状态。排放管道等排污系统应能承受最大排量，在安装时应避免污染饮用水。

更衣室和盥洗室　更衣室和盥洗室应保持通畅，照明、通风良好，有条件时应保温。有冷热水的洗手设备。

洗手液及干手设备应安装在厕所和工作区之间，应使用能混合冷热水的龙头，若提供纸巾，应配有废纸箱，并张贴便后吸收的标示。

加工区域的洗手设备 在药材加工区应提供数量充足、方便使用的洗手和干手设施，必要时，提供消毒设备，冷热水及温水，并安装可同时供应冷热水及温水的肘部可操作的水龙头。若提供纸巾，应配有废纸箱，所有设施应安装排污管道。

消毒设施 应提供足够的清洁和消毒工具和设施。这些设施应采用抗腐蚀材料、并易于清洗，并有冷热水供应。

照明 设施各处应配备充足的照明，可为自然光或人造光，但光的颜色不应变换，光的亮度检验地点不低于 540 勒克斯；车间不低于 220 勒克斯；其他地方不低于 110 勒克斯，悬于药材上部的照明设备及灯泡应当安全，并有防护措施，防止发生破裂，污染药材。

通风 应安装合适的通风设施，防止温度过高，水汽凝结，污垢堆积，排出污染的空气，空气不得从污染区域流向洁净区，通风出口应安装防护窗纱或其他非腐蚀材质防护设施，这些防护设施应可拆卸并易于清洗［源自食品法典规范——食品卫生总则（13）］。

废物和废料存放 应提供储存废物废料的设施，并避免害虫进入存储处，存储处不能对药材、饮用水、设备及厂房等造成污染，在放垃圾桶的地方应设明显的标记，并每天清空垃圾。

4.2 批量包装与标签

加工好的药材应迅速包装以防药效降低，存放于清洁、干燥、无虫鼠及其他污染的地方。在生产过程中应进行持续的质量监控，除去不合格产品、污染物及异物，成品药物应根据标准操作规程（SOP）或生产国和最终用户国的相关规定，装于干燥的盒子、麻袋、袋子及其他容器内。包装用的材料应清洁干燥、无污染、无破损，符合药材包装的质量要求，易碎药材应包装于硬质容器内，包装方式买卖双方均应取得一致意见。可循环使用的包装材料，如黄麻包、网包，在使用前。应进行清洁和消毒，以防止前次所装物质的污染，所有的包装材料应保存在干燥整洁、没有害虫的地方，并且不能让家畜及其他驯养动物接触，应远离任何污染源。

标签上应清楚标出该中药材植物的拉丁名，药用部位，原产地（栽培或采集地）、栽培日期或采集日期、种植者/采集者/生产加工者的姓名、数量等项，同时标签上应该标出所依据的认可的质量标准。按其他国家或原产国关于标签的规定进行标示。标签上应显示批号，其他有关该批药材的生产及质量的信息可在另附的证件中标出。每批药材的包装状况应作记录，包括名称、产地、批号、重量、分装数量及日期，并按照本国或原产国的规定保存三年。

4.3　储存和运输

运载过程中所有运载工具必须清洁，进行批量运输时，例如，船运或火车托运，均须对运输工具加以清洁，运输工具应通风良好，避免药材受潮，防止水汽凝结。有机药材应单独存放或运输并采取适当的安全措施。对于新鲜药材，应置于低温环境中，理想温度为2～8℃，冷冻产品应存放在－20℃以下。如确有必要除虫，才可由取得许可证的专业人员用熏蒸的方法除虫，且所用试剂必须为原产国或用户国权威部门批准使用的化学试剂。熏蒸日期、使用试剂均须有文件记载。当使用冷冻或蒸汽喷蒸的方法除虫时，除虫结束后，应当对药材水分进行检测。

4.4　设备

4.4.1　材料　所用设备和用具的制作材料均不得释放有毒物质、刺激性气体或自身带有味道，不应具有吸附性，且耐腐蚀，经得起重复清洗与消毒。表面光滑无裂缝，应避免使用不耐清洁和消毒的木材和其他材料，除非能确定这些材料在使用时不会带来污染。应尽量避免使用不同的金属，以避免腐蚀。

4.4.2　设计建筑和安装　在设计安装设备时应避免产生危害，并且易于进行全面彻底的清洗和消毒，同时可用肉眼对其进行检验，对于不易挪动的设备，在安装时应考虑其清洁方便。用来存放废物料的容器应该防漏，用金属或其他不渗的材料制成，易于清理，可安全开启。所有冷藏区应安装温度测量和控制装置。

4.4.3　识别标示　用于处置废物和废弃药材的设备应加标示，不可再用于处理药材。

4.5　质量保证

应定期派厂家及商家的专家、代表到栽培点、采集点、加工点对其质量保证体系进行审核，查看企业是否遵从质量保证体系，同时国家或当地主管部门也应对生产厂家的质量保证体系进行审核，并出具证明。

4.6　文件管理

应采用标准操作规程（SOP）并做好相应记录，药材生产过程中涉及的操作与规程以及实施的日期均应有文件记载，附录5提供了关于栽培记录的范本。应记录的信息包括：

（1）种子与其他繁育材料；

（2）繁殖；

（3）种植地点及采集地点；

（4）当地农作物的轮种情况；

（5）栽培；

（6）化肥、生长调节剂、杀虫剂、除草剂的使用情况；

（7）可能影响到药材质量（包括化学成分）的非正常环境（例如，极端的天气条件，暴露在有害物质和其他污染里，虫害爆发）；

（8）采收和采集；

（9）所有的加工过程；

（10）运输；

（11）储存；

（12）熏蒸剂使用情况。

应制作多套标本并加以保存，以供植物鉴定和参考用，若条件允许，应制作有关栽培点、采集点以及栽培和采集的药材的图像记录（包括胶片、碟片、数码影像等）。

所有有关种植者与采收者之间、加工者与收购者之间的协议，以及有关知识产权与利益分配的协议都应记录。批号应当清晰明确，所有从栽培点和采集点收到的药材都应有明确的批号，在生产的初始阶段，就应将各批药材的批号规划好。采集的药材和栽培的药材应使用不同的批号。在实际操作过程中，审核的结果应在审核报告中加以记录，审核报告包括所有文件的副本：分析报告单、当地、国家/地区的管理规范等，都应根据规定加以保存。

4.7　人员（种植者、采收者、生产者、处理者、加工者）

4.7.1　概述　所有人员都必须接受有关植物、农业、采收等方面的培训，在使用农用化学品时，应接受操作培训。生产者与采收者应接受充分的培训，拥有足够的有关药物采收、种植护养以及药用植物保护方面的知识。

在药材处理及初加工阶段，应避免药效降低，因此应对所有相关人员进行培训。所有有关环境保护、物种保护，土地管理、农田保护、水土保持的相关事宜均应告知每个工作人员。在雇用职员时，应遵守国家或地区有关劳工雇佣的法规。

4.7.2　健康、个人卫生和环境卫生　所有种植和采集的药材在安全性、处理方式、卫生方面应符合国家或/和地区的有关法规。在处理和加工药材时，为防止接触有毒或致敏药材，所有人员都应该穿戴防护服，戴防护手套等。

健康状况　生病或感染了传染性疾病的员工，可能会污染药材，故不应进入采收、生产、加工区，员工生病或出现疾病征兆时，应及时向管理部门汇报，并进行临床或流行病学方面的检查。

疾病与外伤　有外伤、炎症以及皮肤病的员工应暂停相关工作或按要求采取相应保护措施，例如穿防护服装、戴手套等，直至完全恢复。患痢疾或腹泻的员工，应根据国家或/和地区相关规定，停止所有在加工区和生产区的工作。应汇报的健康状况包括：是否有黄疸，是否腹泻、呕吐、发热、咽喉痛伴发热，是否受到感染性的外伤（如疖子、伤口等），眼、耳、鼻是否有分泌物，便于管理部门考虑是否要做医学检查或/和是否适宜在药材处理区工作。有伤口但被允许继续工作的员工应用防水性材料将伤口包扎好。

个人卫生　负责加工处理药材的员工应注意个人卫生。只要适合，应穿戴防护服、戴手套、头罩，并套上鞋套。在工作前、便后及接触污染物后，处理药材前都应该洗手。

个人行为　药材加工区禁止吸烟和饮食，进行药材加工的人员应禁止任何可能对药材造成污染的行为，例如，随地吐痰，鼻涕或对着药材咳嗽。在药材加工区，应避免佩戴珠宝、手表以及其他物件，以防对药材的安全、质量带来损害。

参观人员　到药材加工区及处理区参观的人员应穿戴相应的防护服，并遵守上述所有的卫生条例。

5　其他相关事宜

5.1　伦理与法律方面的问题

药材的种植、采集、采收以及采收后的加工处理，必须遵守当地有关法律及环保要求，并合乎当地的道德标准。同时应遵从《生物多样性公约》的有关规定。

5.1.1　知识产权与利益分配　在使用药用植物种源时，当前收益和长远收益分配的协议应在采集和收割前予以商定，并以书面形式记录。本土药材的栽培合同中有关所有权的规定各地情况不同，特别是当繁育材料长久以来被作为一种国际商品进行买卖，并且栽培国家不是该药材的本土产地时，获取遗传基因资源所有权的争议就更为复杂。

5.1.2　受威胁物种或濒危物种　受国内法或国际法保护的药用植物（如在某些国家被列入“红色”目录的药用植物），应当根据国家或国际有关法律的规定，取得相关许可证后，方可进行采集。并应遵守《濒危动植物国际贸易公约》（CITES）的有关规定。在获取濒危药材种源时，也应根据国家或国际的有关规定进行采集。当药材取自受威胁物种、濒危物种或受保护物种的栽培品种时，应当根据国家或国际有关规定附上相应文件，应证明药材不是取自野生品种。

5.2 研究需求

国家或地区编撰的有关药用植物的目录应为使用者鉴定植物（包括濒危物种）提供方便，提供药材分布状况及现存量的信息。在知识产权方面出现争议时，该目录可用来作为处理争议的工具。应鼓励各成员国建立类似目录。

应大力支持和鼓励栽培药材的农艺学研究，促进农产品之间的信息交流，加强栽培和采收药用植物对社会和环境影响方面的研究。考虑到国家和地区的特殊性，应该积累药用植物相关的专门记录和数据，这些数据可能会成为促进技术进步的工具。同时，应为种植者和采集者提供有关药用植物的全面的或有针对性的教育和培训资料。

附录十　欧盟颁布的药用植物管理规范（GACP）

药用植物种植和采集生产质量管理规范细则
（简称欧盟GACP）
欧洲医药评价署（EMEA）于2002年在伦敦发布

1　引言

药用植物/草本药物（下称原药材）混杂有毒草药的例子表明，建立草本原材料生产质量管理规范非常必要。原料药（APIs）生产、加工、包装及储存质量管理规范的理念，也适用于原药材。

以草本药物预制品为例，原药材的生产和初加工对原料药的质量有直接影响。由于自然生长原药材的内在复杂性，以及单独采用化学或生物手段对特征成分进行分析技术的局限性，需建立完善的草本原药材采集、栽培、采收和初加工质量管理体系，以确保质量的稳定性。

在发展中国家，野生栖息地原药材的采集存在一些典型问题，特别是相似植物的混淆、环境破坏、缺乏控制以及人员素质低。

以下关于种植和采集质量管理规范的“细则”与传统概念的药品生产质量管理规范（GMP）指导原则并不完全一致。但这些因素是建立良好质量保障体系的基础。

2　概况

2.1　为规范原药材的种植、采集和初加工，制订本“细则”。本细则适用于原药材生产、采集中的具体问题。应结合“原料药（APIs）GMP指南”对细则进行理解，本细则适用于符合国家和（或）地区相关规定的各种生产方法，包括有机生产。本细则旨在对确保质量的关键生产和加工步骤进行规范。以保证原药材的质量。

2.2　本细则旨在建立原药材的质量标准，保证消费者安全。主要包括以下方面：

（1）生产卫生，将微生物污染降到最低；

(2) 处理谨慎，避免原药材在采集、种植、加工和储藏过程受到不良影响。

原药材及其制剂生产环境中存在大量微生物和其他污染物。本细则为生产人员提供规范，将各种污染降到最低。

2.3 本细则对原药材初始生产、交易及加工的所有参与者进行规范。

原药材的生产者、交易者和加工者应遵守所有规定，做好批文件记录并对合作者进行监督，否则需重新进行审核。

原药材的种植者和采集者必须确保不对现有的野生环境造成破坏，必须遵守 CITES（濒危野生动植物国际贸易公约）。

3 质量保证

生产者和购买者必须签订符合国家和（或）地方有关质量规定的协议，如原药材的性状、活性成分含量、微生物、化学残留和重金属限量等，并形成书面形式记录。

4 人员和培训

4.1 在药材的处理和加工中，所有关键步骤均应符合国家和（或）地方的食品卫生法规。所有从事原药材加工的人员，包括田间工作人员，应具有较高程度的个人卫生保健知识，接受卫生责任方面的培训。

4.2 保证所有从事原药材种植和加工人员的福利。

4.3 在接触有毒或致敏原药材时，所有人员都应穿戴防护服。

4.4 按照国家和（或）地方规定，患有腹泻等食物传播性疾病或类似疾病的人员不得从事直接接触原药材的工作。

4.5 有外伤、炎症及皮肤病的人员应远离加工区，或采取适当的防护措施，如穿防护服、戴防护手套等，直至完全恢复。

4.6 所有人员在开始工作之前必须接受充分的植物学培训。

4.7 从事采集工作的人员必须对本品种植物有充分的了解，拥有物种鉴定、特性及环境要求（光照、湿度、土壤类型等）方面的知识，并应能将该种植物与其他植物学相似和（或）形态相似的植物区别开以降低公众用药风险。采集人员应对采集时间、采集技术和初加工有足够的认识，确保原药材达到最好的质量。

4.8 当地专家应对缺乏原药材采集技术知识的人员进行培训，监督其工作并做相应记录。

4.9　应对所有从事原药材种植和加工的人员进行必要的栽培技术培训，包括除草剂和杀虫剂的合理使用。

4.10　从事采集工作的人员应接受有关环境保护和物种保存方面的教育，包括物种保存条例。

5　厂房和设施

5.1　原药材加工场所应干净、通风良好且未饲养过畜禽。

5.2　采收的药材应储存在无鸟、虫、鼠和其他害虫的场所。在储存和加工场所应安装诱饵和电子杀虫机等合适的病虫害防治设施，并由专业人员或承包商进行维护。

5.3　包装好的原药材应储存在：

（1）混凝土或类似的易清洗地面的场所；

（2）货架上；

（3）距离墙面有足够的距离；

（4）远离其他药材避免交叉污染；

（5）有机产品必须单独存放。

5.4　根据国家和（或）地方有关规定，药材加工区应该安排更衣室、厕所及洗手设备。

6　设备

植物种植和加工使用的设备应：

6.1　保持清洁并定期维护和润滑以确保安装和运转状态良好，方便使用。此外，施肥和喷药设备应定期校验。

6.2　与采收的原药材直接接触的机器部件用后应进行清洁，确保剩余残渣不会造成后续交叉污染。

6.3　设备应该由合适材料制成，以防原药材与化学品和其他物质交叉污染。

7　文件

7.1　对所有可能影响产品质量的工序和程序进行记录。

7.2　对原药材在生长期间特别是采收期出现的可能会影响化学成分的特殊环境，如极端天气条件和病虫害等，进行记录。

7.3　对原药材种植地点等栽培全过程进行记录。种植者应保存有关前茬作物和植物保护产品使用的田间记录。

7.4 对原药材种植的品种、数量、采收日期以及生产过程中使用的肥料、杀虫剂、除草剂和生长促进剂等化学物质和其他物质进行记录。

7.5 对熏蒸剂的使用情况进行记录。

7.6 准确记录采集地区和采收期的地理环境。

7.7 每一特定地区的所有原药材都应有清晰明确的批号。批号应在生产初始阶段规划好。采集原药材和栽培原药材应使用不同的批号。

7.8 不同地理环境生产的药材，只有确保同质时才能混合存放，并进行记录。

7.9 所有有关生产者、采收者、收购者之间的协议（生产指南，合同等）均应有书面材料。原药材的种植，采收和生产应符合协议要求并进行记录。详细信息应包括地理环境、原产地和责任生产商。

7.10 审计结果必须在审计报告（所有文件的复印件，审计报告，分析报告）中记录，并至少保存10年。

8 种子和繁育材料

8.1 应对种子和无性繁殖药材的属、种、变种/栽培变种/化学型和来源等进行植物学鉴定并做出记录。在有机生产中使用的种子和（或）无性繁殖药材也应是有机产品。为保证植物的健康生长，应使用无病虫害的繁育材料。优选抗病性或耐受性好的品种。

8.2 在整个生产过程中应对稀有品种、具有生物多样性的品种及变种进行控制，避免假冒繁育材料混入。转基因药用植物或种子的使用必须符合国家和（或）地区相关规定。

9 栽培

传统栽培方法和有机栽培方法可参考不同的标准操作规程（SOP），但应避免对环境产生不利影响。遵循正确的农事规律及合理的轮种方案。

9.1 土壤和施肥

9.1.1 被淤泥、重金属、垃圾、植物保护产品或其他化学品等污染的土壤不能种植药用植物。在使用促进植物生长或对植物进行保护的农用化学品时，应使用其最小剂量。

9.1.2 使用的粪肥应先充分腐熟，人类粪便不得用作肥料。

9.1.3 其他肥料应根据特定物种的需要慎重使用。施肥时应使其流失率达到最低。

9.2　灌溉

9.2.1　根据药材的需求进行适时、适量灌溉。

9.2.2　灌溉用水应符合国家和（或）地区的质量标准。

9.3　植物护养与保护

9.3.1　根据植物的生长规律和其他要求进行耕种。

9.3.2　尽量避免使用杀虫剂和除草剂。必要时，使用经批准的植物保护产品，并取得制造商和主管部门的同意后使用其最低有效剂量。仅允许合格的人员使用经批准的设备喷洒杀虫剂和除草剂。使用植物保护产品时距离采收期的最小时间间隔应取得购买商的同意或与说明书的规定一致。最大残留限量应符合《欧洲药典》《欧洲指令》《食品法典》等国家和（或）地区规定。

10　采集

10.1　采集人员应对采集的原药材进行鉴别和检验，并对采收者应进行监督（见 4.7 和 4.8）。

10.2　采集行为应遵守现有的国家和（或）地区物种保护法。采收方法不能对原药材的生长环境造成破坏以确保其再繁殖的最佳条件。

10.3　当药材取自濒危物种（被列入“濒危物种贸易公约”，“濒危野生动植物种国际贸易公约”的品种），只有取得相关主管部门授权后方可采收（见 4.10）。

10.4　必须遵循第 3、5、6、7、11、12、13 和 14 部分相关规定。

11　采收

11.1　原药材应在其使用质量最佳的时间采收。

11.2　剔除受损或不完整的植物。

11.3　原药材采收应尽可能选择最佳条件，避免潮湿土壤，露水，雨水或高湿天气。如果不得不在潮湿条件下采收，应采取措施消除空气湿度过大对原药材产生的不利影响。

11.4　切割装置、收割机应保持清洁，以减少土壤对药材的污染。

11.5　采收的原药材不应与土壤接触，并尽快在干燥、清洁的环境进行集中和运送。

11.6　采收中应注意去除药材中的有毒杂草。

11.7　采收中使用的容器应保持清洁，并未受到前次采集药材的污染。不用时应存放在无虫、鼠、鸟害和畜禽的干燥场所。

11.8　应避免机械性损坏和挤压造成的原药材质量下降，注意不要装得太满或堆积过高。

11.9　新鲜采收的原药材应尽快运送加工，以防发生热降解。

11.10　采收的药材应避免虫、鼠、鸟及畜禽损害。并对使用的虫害控制措施进行记录。

12　初加工

12.1　包括洗、切、蒸、冷冻，蒸馏，干燥等全部初加工操作应符合国家和（或）地区相关规定。

12.2　采收的原药材运送到初加工应及时卸下打开包装。如无特殊需要，原药材在加工前不宜直接暴露在阳光下并避免雨淋。

12.3　自然干燥时，原药材应平铺成薄层。为确保空气流通良好，晒台应与地面保持足够的距离。如无特殊需要，应避免直接晾晒在地面上或直接暴晒在阳光下。药材要干燥均匀，以防霉变。

12.4　除自然干燥外，应根据药材的药用部位，如根、叶、花及其活性成分，如精油等的性质，选择干燥的温度、时间等条件。直接干燥所用热源应选择丁烷、丙烷或天然气。特别的干燥条件应详细记录。

12.5　所有药材必须进行检查，必要时过筛以去除不合格产品和异物。筛网必须保持清洁，并定期维修保养。

12.6　垃圾箱应有明显标志，并每天进行清倒和清洁。

13　包装

13.1　为保护产品并减少虫害，应尽早包装。

13.2　包装过程在线监控，产品应装于清洁干燥的麻袋、袋子或箱子中。标签应清晰，牢固并为无毒材料制成。标示信息应符合国家和（或）地方关于标签的规定。

13.3　重复使用的包装材料，再次使用前应充分清洗、彻底干燥，重复使用过程中不发生污染。

13.4　包装材料应存放在清洁干燥，远离害虫和畜禽的地方。必须保证包装材料特别是编织袋不会对产品造成交叉污染。

14　储存和运输

14.1　包装好的干燥药材，包括精油，应储存在干燥、通风良好的房间，温差不宜过大。保鲜药材应储存在1～5℃，冷冻产品应储存在－18℃以下（长期储存应在－20℃以下）。

14.2　确保运输容器干燥。为避免药材结块或发霉，应使用充气容器运输。建议使用充分充气的运输车辆和其他充气设备。精油运输必须符合相应的规定。同时应遵守国家和（或）地区的交通法规。

14.3　必要时可由持有执照的人员采用硫磺熏蒸法驱虫。仅限使用已注册的化学药品。并对每一次的熏蒸进行记录。

14.4　熏蒸仓库仅能使用符合国家和（或）地区相关规定的材料。

14.5　使用冷冻法或蒸汽渗透法除虫后，必须对药材进行除湿处理。

术语表　草本药物主要指完整的或部分的或切片形式的植物、植物部位、藻类、真菌、地衣原料，通常为干燥品，但有时为鲜品。草本药物也包括某些未经特殊处理的分泌物。草本药物可按照双命名法（属，种，变种和命名人）定义的植物学名进行精确分类。

草本药物预制品（Herbal drug preparations）指由中草药经提取、蒸馏、压榨、分离、纯化、浓缩或发酵处理制得的粉碎或粉末状的中草药、酊剂、浸膏、精油、压榨汁和加工分泌物。

附录十一　日本政府颁布的药用植物管理规范（GACP）

药用植物栽培和生产质量管理规范
（简称“日本 GACP”）
日本厚生省于 2003 年 9 月发布

引言

0.1　本规范对药用植物原料药、成品原料药和汉方药的生产提供技术指导，包括以下几个方面：

（1）药用的植物种植和采集以及药用植物原料的生产；

（2）药用植物原料采收后的加工；

（3）药用植物原料的质量控制。

在《药用植物栽培和质量控制指南》（Guidelines on cultivation and quality control of medicinal plants）[110（17）卷，由日本厚生省研究拨款资助编写] 的基础上，参考日本国家质量标准《日本药典》和《日本草药质量标准》制定本规范。

0.2　符合此规范的药用植物原料应：

（1）是高品质的产品；

（2）按照质量管理规范和卫生标准进行生产和储存，微生物污染应低于限度要求；

（3）按照质量管理规范和卫生标准进行生产和储存，无农药残留和其他异物污染或低于限度要求。

0.3　为确保微生物，农药残留和其他异物污染低于限度要求，应遵循《日本药典》的一般原则。药用植物材料的责任生产者应了解一般原则，并牢记有关药用植物栽培和采收后加工的关键问题。

0.4　按照本规范生产的药用植物原料，应标注“产品生产遵守本规范”，告知公众。

0.5　为提高人们对问题重要性的认识，对本规范进行国内和国际推广。

1　前言

1.1　在药用植物的栽培、采集和药用部位加工整个生产过程中，汉方药品原料和原料药产品的原材料，应尽量避免微生物等物质污染以及农药等残留。
1.2　生产高品质原材料，应遵守以下内容：

（1）药材应充分清洗，以防污染物残留

（2）必要时适当剥离药材表皮，低温干燥，以免原材料的颜色和气味发生变化。

1.3　该规范为原料药原材料生产的微生物污染提供质量标准。

2　栽培

2.1　药用植物栽培不应选择易受重金属、农用化学品及工业废弃物污染的恶劣土地和/或土壤环境。
2.2　药用植物栽培应选择利于排水和灌溉的土壤。
2.3　灌溉用水应避免被畜禽和人类生活垃圾污染。
2.4　有机堆肥：播种前或前茬作物采收后应施肥充分发酵的有机堆肥。
2.5　禁止牛进入种植地区。
2.6　采收期不得使用被污染的水。
2.7　有野草生长的土地往往栽培条件较好，适于药用植物种植。
2.8　仅有经验的人员可使用杀虫剂和除草剂。此类化学剂的喷洒应考虑其有效使用期，并在采收前适当的间隔由受过训练的人员进行。

3　采收

3.1　采收不应在潮湿的环境下（露水或雨天）或湿度较高的条件下进行，应尽可能在干燥、湿度较低的条件下进行。
3.2　采收设备应保持清洁和维护。
3.3　使用切割机/收割机时，与作物接触的机械部件及其存放场所应定期清洗，并保证采收药材不受前次采收的药材和其他异物污染。
3.4　调整切割刀片以避免黏附土壤。
3.5　采收使用容器应未受到前次采收药材污染，不用时，应存放在无虫害、鸟害，远离畜牧场和畜禽的干燥场所。
3.6　破损或变质药材应分类丢弃。
3.7　采收的药材应收集在干燥的麻袋、篮筐、拖车或料斗中，不应存放在地面上。

3.8 避免药材机械性破坏，堆积过高和存储导致的变质：

（1）采收时不可使用塑料包装袋；

（2）包装不可太满；

（3）避免堆积过高。

3.9 药材采收后应在尽量短的时间内运送干燥地点。

3.10 采收的药材应远离虫害、畜牧场及畜禽动物。

4 干燥

4.1 药材送至干燥地点后应尽快打开包装。药材应避免阳光直晒或雨淋。

4.2 用于干燥的建筑物应通风良好且未用作家畜饲养。

4.3 用于干燥的建筑物应建在远离虫、鸟、畜牧场及畜禽动物的场所。

4.4 晒台应保持清洁并定期维护。

4.5 药材应置于离地面有一定距离的金属网上，摊开干燥以确保空气自由流通，并间歇性搅拌确保干燥均匀和防止药材变质。

4.6 药材应避免直接晾晒在地面上或直接暴晒在阳光下。

4.7 干燥的药材应进行挑拣、筛分和淘选，以除去褪色、霉变和损坏的药材及泥土石子等异物。筛子等应定期清洁和维护。

4.8 垃圾箱应有明显标志，并每天进行清倒和清洁。

4.9 干燥及干燥中的药材应防止虫、鸟、畜牧场及畜禽动物的污染。

4.10 干燥的药材应尽快包装以减少虫害侵扰。

5 包装

5.1 去除破损药材和异物的完整干燥药材应装于清洁干燥的麻袋、袋子或包装盒内，最好选择新的包装材料。

5.2 包装材料应存放在清洁干燥、远离虫鼠等动物的地方。

5.3 麻袋、塑料袋等重复使用的包装材料，再次使用前应确保清洁干燥。

5.4 包装好的药材应存放在与墙、地面有一定距离，远离虫害、畜牧场及畜禽动物的干燥场所。

5.5 只要有可能，所使用的包装材料应取得买卖双方的一致同意。

6 储存和运输

6.1 药材包装后应储存在干燥、通风、温度波动小的场所。

6.2　门、窗应安装金属网，防止害虫畜禽进入。
6.3　包装好的干燥药材应存放在：
（1）混凝土地面的场所；
（2）货架上；
（3）与墙壁保持一定距离；
（4）远离其他药材。
6.4　批量运输时，运输容器和临时储存设施应通风良好以防药材损坏。
6.5　无论何时，运输和临时存储的条件应取得买卖双方的一致同意。
6.6　仅在必要时使用熏蒸法防治虫害，必须由经过培训的人员进行操作。仅限使用经注册的熏蒸剂（见9.2）。
6.7　杀虫剂、熏蒸剂等化学药品应单独存放。

7　设备

7.1　药材生产和加工使用的设备应易于清洗以减少污染。建议采用干法清洁。必须采用水洗时，设备应尽快干燥。
7.2　设备应安装完好并定期维护和清洁。
7.3　应尽可能避免使用木制设备。
7.4　若使用木制设备（如托盘、料斗等），不应使用化学熏蒸剂等可导致氯酚污染的化学试剂进行处理。

8　人员

8.1　处理药用植物材料的人员应：
（1）具有较高程度的个人卫生知识；
（2）配备有合适的更衣设施和厕所及盥洗设备。
8.2　对于生病或感染了腹泻等可经药用植物传染性疾病的工作人员不应进入药材加工区。
8.3　有外伤、炎症及皮肤病的工作人员应远离原药材加工区，直到完全恢复。

9　文件

9.1　务必记录每批采收药材所使用的肥料、杀虫剂和除草剂。
9.2　用溴甲烷或磷化氢熏蒸过的草药材料应：
（1）告知购买方；
（2）在出货文件中记录。

10 培训和教育

10.1 应由当地农业机构或购买厂商推荐的专家，对药材加工和生产管理人员进行适当的生产技术培训。

11 质量控制

11.1 定期组织生产方和买方的代表，及具备种植生产质量管理规范和卫生质量管理规范知识的专家，对GACP的实施工作进行检查。
11.2 草药产品规格应由生产方和买方达成一致，例如，活性成分和特征成分含量、微生物、外观、农药残留和重金属等。

主要参考文献

[1] 谢晓亮，杨彦杰，杨太新．中药材无公害生产技术［M］．石家庄：河北科学技术出版社，2014.

[2] 张巍巍，李元胜．中国昆虫生态大图鉴［M］．重庆：重庆大学出版社，2011.

[3] 潘胜利，顺庆生，柏巧明，包雪声．中国药用柴胡原色图志［M］．上海：上海科学技术文献出版社，2002.

[4] 刘廷辉，万喻，李后魂，何运转．危害柴胡的新害虫——法氏柴胡宽蛾（鳞翅目：小潜蛾科：宽蛾亚科）［J］．河北农业大学学报，2014（4）：91－94.

[5] 贺献林，王旗，贺振宁，王丽叶，贾和田．野生柴胡生育特性及其对驯化栽培的启示［J］．河北农业科学，2014（3）：82－84.

[6] 黄文华，杨孝儒，段金生，等．北柴胡的农业气象条件与资源开发研究［J］．中国农业气象，1995，16（2）：2832.

[7]《中华人民共和国药典》2010 年版（一部）.